全国高职高专“十二五”规划教材

计算机应用基础实习指导
（Windows 7+Office 2010 版）

主　编　王康碧

副主编　玉　冰　杨建存　李云杰　胡小九

中国水利水电出版社
www.waterpub.com.cn

内 容 提 要

本书是杨建存老师主编的《计算机应用基础（Windows 7+Office 2010 版）》一书的配套教材。全书共分六个项目十八个实验，在每个项目后增加了项目工作情况表，方便教师和学生对实验操作过程进行总结。

通过本书的学习能使读者具有计算机的基本操作能力，满足生活和工作中对计算机应用能力的基本要求，同时为进一步学习计算机知识打下扎实的基础。

本书特别适合教学使用，其目的是帮助学生学会计算机的基本使用方法，培养学生的应用能力和动手能力，使学生掌握计算机的基本操作、Windows 7 操作系统的使用、常用办公软件的应用及网络的使用。

图书在版编目（CIP）数据

计算机应用基础实习指导 : Windows 7+Office 2010 版 / 王康碧主编. -- 北京 : 中国水利水电出版社, 2014.7（2017.6 重印）
全国高职高专“十二五”规划教材
ISBN 978-7-5170-2114-8

Ⅰ. ①计… Ⅱ. ①王… Ⅲ. ①Windows操作系统－高等职业教育－教学参考资料②办公自动化－应用软件－高等职业教育－教学参考资料 Ⅳ. ①TP316.7②TP317.1

中国版本图书馆CIP数据核字(2014)第123245号

策划编辑：寇文杰　责任编辑：张玉玲　加工编辑：夏雪丽　封面设计：李　佳

书　名	全国高职高专“十二五”规划教材 计算机应用基础实习指导（Windows 7+Office 2010 版）
作　者	主　编　王康碧 副主编　玉　冰　杨建存　李云杰　胡小九
出版发行	中国水利水电出版社 （北京市海淀区玉渊潭南路 1 号 D 座　100038） 网址：www.waterpub.com.cn E-mail：mchannel@263.net（万水） sales@waterpub.com.cn 电话：（010）68367658（发行部）、82562819（万水）
经　售	北京科水图书销售中心（零售） 电话：（010）88383994、63202643、68545874 全国各地新华书店和相关出版物销售网点
排　版	北京万水电子信息有限公司
印　刷	虎彩印艺股份有限公司
规　格	184mm×260mm　16 开本　4.25 印张　104 千字
版　次	2014 年 7 月第 1 版　2017 年 6 月第 5 次印刷
印　数	6601—7100 册
定　价	10.00 元

凡购买我社图书，如有缺页、倒页、脱页的，本社发行部负责调换

编写委员会

主　任　张江荣　谭琳

副主任　黎红梅　梁　盈　徐开宏　杨运涛

　　　　李石友　杨　锐

参　编　王　颖　崔庆雄　常　勇　赵　芸

　　　　李淑琼　杨小雨　龚　薇　马智丹

　　　　李长科　张　倩　陈晓娜

前　　言

本书是杨建存老师主编的《计算机应用基础（Windows 7+Office 2010 版）》的辅助教材，按照高职高专对人才培养的要求编写而成。由于本书是 Windows 7+Office 2010 版，同以前教材有了很大的区别，主要体现在：

Windows 7

更安全——内置 Windows Defender，正版用户还赠送永久杀毒软件（VB100），旗舰版用户支持 BitLocker 加密。

更易用——更简单的桌面导航更具娱乐性，支持 Dx10.1（在正式版以前是 Dx11 Beta），新版娱乐中心、娱乐导航。

更智能——主要体现在系统附带软件上。

更华丽——Aero 升级版、更易用的个性化列表。

更兼容——相对于 Windows Vista 而言，Windows 7 的兼容性已经提升不少，但还是有些基本的源代码程序不能使用。

更便宜——比 Windows Vista 降幅高达 20%，随时升级密钥（Anytime Upgrade）。

Office 2010 之 Word 2010

Word 可以说是 Office 套件中的元老，也是其中用户使用最为广泛的应用软件，它的主要功能是进行文字（或文档）的处理。Word 2010 的最大变化是改进了用于创建专业品质文档的功能，提供了更加简单的方法方便用户与他人协同合作，使用户几乎从任何位置都能访问自己的文件。具体的新功能，如全新的导航搜索窗口、生动的文档视觉效果应用、更加安全的文档恢复功能、简单便捷的截图功能等。

Office 2010 之 Excel 2010

Excel 同样也是 Office 中的元老之一，被称为电子表格，其功能非常强大，可以进行各种数据的处理、统计分析和辅助决策操作，广泛地应用于管理、统计财经、金融等众多领域。最新的 Excel 2010 能够比以往使用更多的方式来分析、管理和共享信息，从而帮助用户做出更明智的决策。新的数据分析和可视化工具会跟踪和亮显重要的数据趋势，将文件轻松上传到 Web 并与他人同时在线工作，用户几乎可以从任何的 Web 浏览器来随时访问重要数据。具体的新功能，如能够突出显示重要数据趋势的迷你图、全新的数据视图切片和切块功能能够快速定位正确的数据点、支持在线发布并随时随地访问和编辑、支持多人协助共同完成编辑操作、简化的功能访问方式让用户几次单击即可保存、共享、打印和发布电子表格等。

Office 2010 之 PowerPoint 2010

PowerPoint 也是 Office 中非常实用的一个应用软件，它的主要功能是进行幻灯片的制作和演示，可有效帮助用户演讲、教学和产品演示等，更多的应用于企业和学校等教育机构。最新的 PowerPoint 2010 提供了比以往更多的方法创建动态演示文稿并与访问群体共享。使用令人耳目一新的视听功能及用于视频和照片编辑的新增和改进工具可以创作出更加完美的作品，就像在讲述一个活泼的电影故事。具体的新功能如下：可为文稿带来更多的活力和视觉冲击的新增图片效果应用、支持直接嵌入和编辑视频文件、依托新增的 SmartArt 快速创建美妙绝伦的图表演示文稿、全新的幻灯片动态切换展示等。

参加本书大纲讨论与部分内容编写的还有王颖、崔庆雄、常勇、赵芸、李淑琼、杨小雨、龚薇、马智丹、李长科、张倩、陈晓娜。由于计算机知识发展较快，加上我们的时间及知识有限，编写时难免出现错误和疏漏，恳请广大读者批评指正，在此表示衷心的感谢。

编　者

2014 年 6 月

目　　录

项目一　键盘与指法

实验一　键盘布局与指法练习

【实验目的】

正确地开机与关机。
熟悉键盘结构。
培养正确的机器操作姿势和基本指法。
熟记各键的位置及常用键、组合键的使用。
金山打字软件的使用。

【实验内容】

任务一　熟悉键盘及其分区

目前常用键盘有 101 键、104 键等品种，以 101 键为例，盘面分为四个区：
（1）主键盘区。
集中了键盘上最常用的键，共 58 键，分 11 种类型：
英文字母：A～Z；
数字键：0～9；
符号键：~ ` ! @ # $ % ^ & * ( ) - + _ = | \ { } [ ] < > : ; ” ’ ? /;
大小写字母锁定键：Caps Lock；
上下挡切换键 Shift；
退格键 Backspace，按一次删除光标之前的一个字符；
控制键 Ctrl，它必须与其他的键配合一起使用，如 Ctrl+C 复制到剪贴板；
转换键 Alt，作用与 Ctrl 类似，一般与数字键配合；
跳格制表位键 Tab，使光标移动到下一个制表位；
回车键 Enter，作为一行的结束使用；
空格键 Space，每按下一次产生一个空格。
（2）功能键区。
在键盘的最上面一排，共计 16 个五种类型的键：
释放键 Esc，也叫强行退出键，用于退出正在运行的系统，返回到上一级；
特殊功能键 F1～F12，不同的操作系统或不同的软件中功能一般不同，有时可由软件人员设定，例如大多数软件中 F1 都用作帮助；
复制屏幕键 PrintScreen，在 Windows 系统中按下该键，就把屏幕上显示的内容复制到剪贴板中，如果同时按下 Alt 与 PrintScreen 键，则将当前活动窗口的内容复制到剪贴板；

滚动锁定键 ScrollLock，按下右，键盘右上角的 ScrollLock 指示灯发亮，此时就可以用上下左右光标控制键控制屏幕显示的文本，再按一次，灯灭；

暂停键 Pause/Break，按下暂停正在执行的操作，再按继续操作。

（3）数字小键盘区。

位于键盘的右部，该区起着数字键和光标控制/编辑键的双重功能，共 17 键，其中 10 个分上下挡，也受主键盘上的 Shift 键控制；

其中 NumLock 键是数字编辑转换键，在数字与光标移动编辑之间转换。

（4）编辑区。

在主键盘与小键盘之间，有 4 个方向键和 6 个编辑键：

Insert：在插入状态和修改状态之间切换，开机后系统默认是插入状态；

Del/Delete：删除键，按一下即删除光标所在处的字符，按下 Ctrl+Alt+Del 则关闭当前应用程序；

Home：按一下光标可移动到本行首；

End：按一下光标可移动到本行尾；

PageUP：翻页键，每按一下将文本向前翻一页；

PageDown：向后翻一页。

任务二　键盘打字规范

（1）正确的操作姿势有利于提高录入速度，要求：

坐如钟，腰背挺直，下肢自然地平放在地上，身体微向前倾，人体与键盘距离约为 20cm 左右；

两肩放松，双臂自然下垂，肘与腰部距离 5～10cm，座椅高度以手臂与键盘桌面平行为宜；

手掌与手指呈弓形，手指略弯曲，轻放在基准键上，指尖触键，左右手大拇指轻放在空格键上，大拇指外侧触键；

显示器应放在键盘正后方，或稍偏右，输入的文稿放在键盘左侧，以便于阅读文稿和查看屏幕。

（2）规范化的指法。

基准键共 8 个，左边 4 个是 ASDF，右边 4 个是 JKL 与“；”，操作时，左手的四个手指依次放在左边的基准键 ASDF 上，右手放在右边基准键 JKL 上。

任务三　“金山打字通”软件练习与使用

（1）练习基本键位与指法。

（2）练习英文与中文的输入。

注意事项：

1. 注意打字的姿势。
2. 注意严格使用正确的指法。
3. 第十三周后进行打字测试，英文输入速度达到 25 词/分钟；中文输入速度达到 40 字/分钟。

项目工作情况表

______年_____月_____日

<table>
<tr><td colspan="2">项目名称</td><td colspan="2"></td></tr>
<tr><td>姓名</td><td></td><td>同组成员</td><td></td></tr>
<tr><td>项目目的</td><td colspan="3"></td></tr>
<tr><td>任务实施过程</td><td colspan="3"></td></tr>
<tr><td>项目总结</td><td colspan="3">签名：</td></tr>
<tr><td>评价及问题分析</td><td colspan="3">教师签名：</td></tr>
</table>

项目二　Windows 7 基本操作

实验二　Windows 7 基本操作

【实验目的】

掌握 Windows 7 的基本操作。
掌握资源管理器的一般使用。
掌握文件和文件夹的操作。
掌握控制面板部分工具的使用。
掌握显示属性的设置。
掌握管理工具的使用。

【实验内容】

任务一　Windows 7 基本操作

（1）开机，观察登录界面，以管理员（administrator）身份登录系统。

（2）打开“我的电脑”，进行最大化、最小化、复原、关闭和移动窗口的操作。

（3）打开“附件→画图”工具，绘制一幅图画，通过其帮助学习绘制正方形和圆的画法，并将图片保存为 pic01.bmp。

（4）打开“附件→记事本”工具，输入本书“内容提要”中的文字（注意使用输入法切换快捷键），保存为 doc01.txt。

（5）打开“附件→计算器”工具，利用其“程序员”方式，将十进制数 5998 转换为二进制、八进制和十六进制数。并计算 11010011+10111001、11010011-10111001、11010011∧10111001、11010011∨10111001 和 11010011⊕ 10111001（提示：∧为 And，∨为 Or，⊕为 Xor，参考计算器的帮助）。

（6）任意打开多个窗口，分别使用鼠标和键盘（Alt+Tab）进行窗口切换，设置多窗口排列方式为层叠、横向平铺和纵向平铺，观察其不同。

（7）执行“开始→帮助和支持”命令，查看关于“休眠”的内容。

任务二　资源管理器的一般操作

（1）尝试用三种不同方法打开资源管理器：①鼠标左键双击“我的电脑”图标；②鼠标右键单击“开始”菜单；③执行“开始”命令，对话框中输入 Explorer。

（2）观察资源管理器界面，展开和关闭任意文件夹，观察右边窗口的变化。

（3）通过资源管理器，打开画图工具（路径 C:\Windows\system32\mspaint.exe）。

（4）搜索 notepad.exe 文件（记事本）；搜索 C:盘中所有扩展名为 exe 的可执行文件；搜索 C 盘中所有包含文字“china”的文本文件（扩展名为 txt）；搜索所有大小超过 10000KB 的文件。

（5）打开 C:\Windows 文件夹，将文件按照大图标、小图标、列表、缩略图和详细资料排列。

（6）将文件按名称、按类型、按大小、按日期，顺序或倒序排列。

任务三　文件/文件夹的操作

（1）快速格式化 D 盘（注意：如果 D 盘有数据，请谨慎操作）。

（2）在 D 盘根目录下创建新文件夹 abc，创建子文件夹 123、456 和 789。在 abc 中创建文本文件 sample.txt。

（3）复制 C:\Windows\system32\notepad.exe 文件到 abc 中；复制 C:\windows 文件夹中多个连续或不连续的文件到 123 中。

（4）剪切 123 中的部分文件到 456 中。

（5）删除 123 中的文件，删除 789 文件夹；还原回收站中的部分文件，并清空回收站。

（6）将 123 更名为 efg，将 abc 中 sample.txt 更名为 abc.txt。

（7）将 abc 中的 notepad.exe 文件属性改为隐藏和只读；设置文件夹选项，使资源管理器“不显示隐藏文件和文件夹”或“显示所有文件和文件夹”，观察其变化。

（8）在桌面创建 C:\Windows\system32\notepad.exe 程序文件的快捷方式。

（9）用快捷键完成上述部分操作。

任务四　Windows 的注销和关机

（1）注销 Administrator 账号，并重新登录。

（2）正确关闭计算机。

任务五　Windows 控制面板的使用

（1）打开控制面板，观察其中的工具图标。

（2）打开“时钟、语言和区域”工具，在“区域和语言→更改键盘”选项卡中，添加“中文（简体）-双拼”输入法。

（3）在桌面上右击→点击“个性化”，然后点击左上角的“更改鼠标指针”，选择一个自己喜欢的方案。如果想换鼠标样式，可以点击右下角的“浏览”选项，在对话框中有很多的样式可供选择，选好样式后，点击确定就可以了。选好鼠标的样式后，还可以更改鼠标的按键属性，点击左侧的“鼠标”键，在下面可以进行设置，更改双击速度等。在“指针选项”对话框中，可以对鼠标移动方式进行自定义设置，如果要在缓慢移动鼠标时使指针工作更精确，可以勾选“提高指针精确度”，如果要在出现对话框时加快选择选项的过程，可以勾选“对齐”选项，如果保证指针不会阻挡用户看到的文本，勾选下方的“在打字时隐藏指针”。

（4）打开“任务计划”文件夹，增加新的任务计划，在每天的某时刻打开“画图”工具。

（5）通过控制面板或双击任务栏的“时间”图标，打开“日期/时间”对话框，调整系统当前的日期和时分秒。

（6）添加本地打印机，制造商“惠普”，打印机为“HP LaserJet 6L”。

（7）删除已安装的某应用程序；添加或删除 Windows 组件“附件和工具”中的“游戏”组件。

任务六　设置 Windows 显示属性

（1）设置桌面背景为图片“Zapotec”，方式为“平铺”。

（2）设置屏幕保护程序为“字幕显示”，文字为“计算机信息技术基础”，设置其背景色、速度、位置和文字格式。

（3）设置外观方案为“淡绿色”；设置视觉效果为“使用大图标”。

（4）设置颜色为“256 色”，屏幕区域为“1024*768 像素”。

任务七　管理工具的使用

（1）打开“事件查看器”工具，分别查看应用程序日志、安全日志和系统日志。

（2）打开“计算机管理”工具，查看系统磁盘分区情况，分析 C 分区的碎片情况。

（3）创建新用户“china”，密码为“china”，将该用户加入“Administrator”组。

项目工作情况表

______年_____月_____日

<table>
<tr><td colspan="2">项目名称</td><td colspan="3"></td></tr>
<tr><td>姓名</td><td></td><td>同组成员</td><td colspan="2"></td></tr>
<tr><td>项目目的</td><td colspan="4"></td></tr>
<tr><td>任务实施过程</td><td colspan="4"></td></tr>
<tr><td>项目总结</td><td colspan="4">签名：</td></tr>
<tr><td>评价及问题分析</td><td colspan="4">教师签名：</td></tr>
</table>

项目三　Word 2010 基本操作

实验三　创建 Word 文档

【实验目的】

掌握 Word 的启动和退出方法，熟悉 Word 的窗口操作。
掌握页面设置的方法。
掌握 Word 文档的创建、保存等基本操作。
掌握文本内容的查找和替换。

【实验内容】

任务一　启动 Word

单击 Windows 任务栏左侧的“开始”按钮，弹出“开始”菜单，单击“所有程序”→“Microsoft Office”→“Microsoft Word 2010”命令，启动 Word 2010。

熟悉 Word 工作窗口。注意观察 Word 窗口的各个组成部分，注意到此时所创建的空白文档在标题栏中显示的文档名是“文档 1”。如图 3-1 所示。

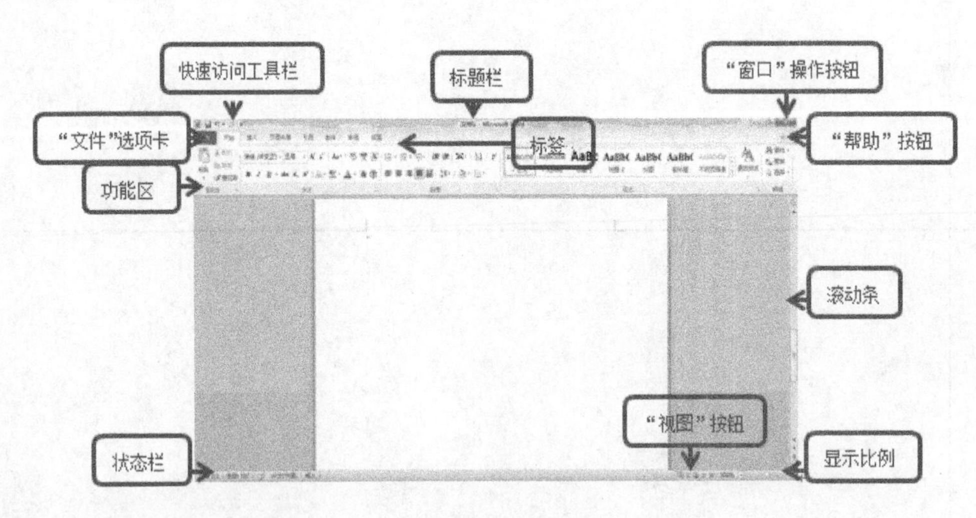

图 3-1　Word 2010 窗口

任务二　页面设置

切换到“页面布局”选项卡，单击“页面设置”选项组右下角的对话框启动器，弹出“页面设置”对话框，单击“页边距”选项卡，设置上边距为 3 厘米，下边距为 2.5 厘米，左、右边距为 3.2 厘米。

在“纸张方向”选项中，选择“纵向”。如图 3-2 所示。

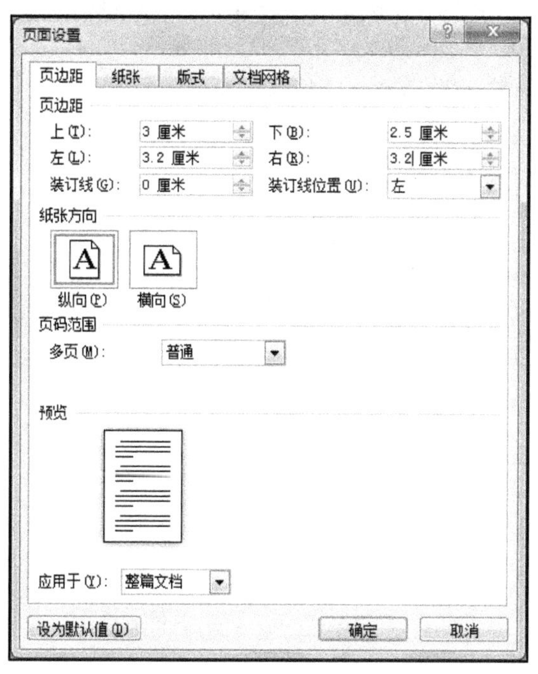

图 3-2　“页边距”选项卡

单击“纸张”选项卡，在“纸张大小”下拉列表中选择纸张大小为 A4。如图 3-3 所示。

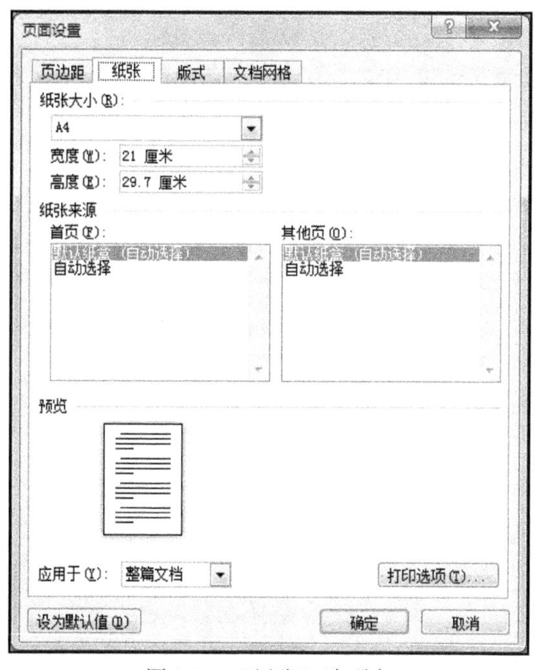

图 3-3　“纸张”选项卡

单击“确定”按钮。

任务三　创建 Word 文档

单击桌面右下角任务栏中的输入法指示器，选择输入法。

切换到页面视图状态，将光标插入点定位于开始处，输入标题“成功人士的七个习惯”，如图 3-4 所示，单击 Enter 键，光标插入点将移动至下一行。

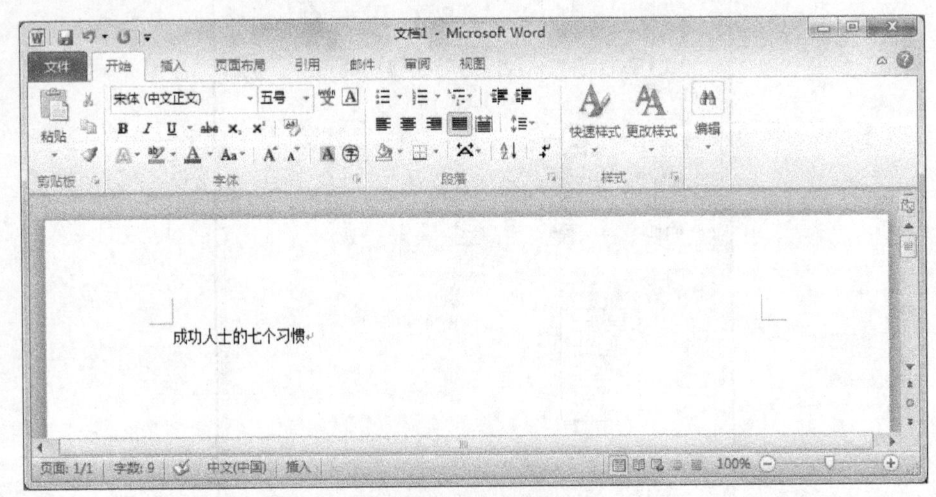

图 3-4　输入标题

接着输入下面的内容：

成功人士的七个习惯

习惯对我们的生活有绝大影响，因为它是一贯的。在不知不觉中，经年累月地影响着我们的品德，暴露出我们的本性，左右着我们的成败。

在现代社会，要想做一名成功人士，创造卓越的成就，就必须从培养良好的习惯入手。

习惯一：积极主动的态度，是实现个人愿景的原则。积极的心态能让你拥有“选择的自由”。积极的涵义不仅仅是采取行动，还代表对自己负责的态度。个人行为取决于自身，而非外部环境，并且人有能力也有责任创造有利的外在环境。

习惯二：忠诚于自己的人生计划。高效能的人懂得设计自己的未来。他们认真地计划自己要成为什么人，想做些什么，要拥有什么，并且清晰明确地写出，以此作为决策指导。确立目标后全力以赴，只有确立了符合价值观的人生目标，才能凝聚意志力，全力以赴且持之以恒地付诸实现，才有可能获得内心最大的满足。

习惯三：选择不做什么更难。每个人的时间都是有限的，所以要做重要的事，即你觉得有价值并对你的生命价值、最高目标具有贡献的事情。

习惯四：远离角斗场的时代。懂得利人利己的人，把生活看作一个合作的舞台，而不是角斗场。其实，世界给了每个人足够的立足空间，他人之得并非自己之失。因此，“双赢思维”成为人们运用于人际交往的原则。

习惯五：换位思考的沟通。要培养设身处地的“换位”沟通习惯。欲求别人的理解，首先要理解对方。当我们的修养到了能把握自己、保持心态平和、能抵御外界干扰和博采众家之言时，我们的人际关系也就上了一个台阶。

习惯六：1+1 可以大于 2。统合综效是对付阻碍成长与改变的最有力途径。助力通常是积极、合理、自觉、符合经济效益的力量；相反，阻力则消极、不合逻辑、情绪化和不自觉。如果将双赢思维、换位沟通与统合综效原则整合，不仅可以化解阻力，甚至可以化阻力为助力，“统合综效”就是创造性合作的原则。

习惯七：过着身心平衡的生活。身心和意志是我们达成目标的基础，所以有规律地锻炼身心将使我们能接受更大的挑战，静思内省将使人的直觉变得越来越敏感。当我们平衡地在这两方面改善时，则加强了所有习惯的效能。这样我们将成长、变化，并最终走向成功。

人生最值得投资的就是磨练自己。生活与工作都要靠自己，因此自己是最值得珍爱的财富。工作本身并不能给人带来经济上的安全感，而具备良好的思考、学习、创造与适应能力，才能使自己立于不败之地；拥有财富，并不代表有永远的经济保障，拥有创造财富的能力才真正可靠。

输入完成，文档显示如图 3-5 所示。

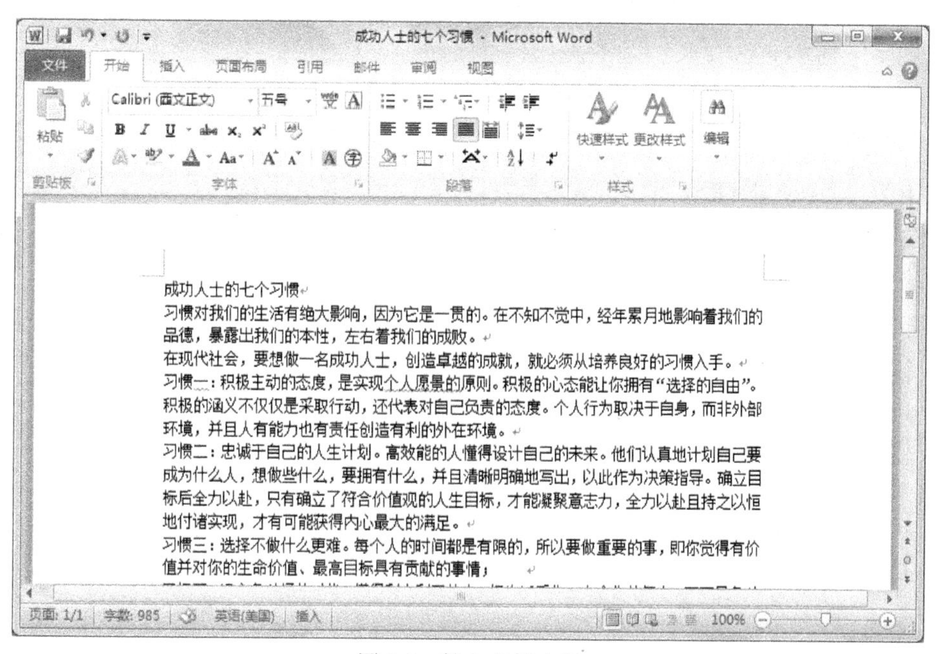

图 3-5 输入文档内容

将光标插入点定位于第二段开始处，按 Backspace 键，或将光标插入点定位于第一段内结尾处，按 Delete 键，将前两段合并为一段。

将光标插入点定位于“习惯一：积极主动的态度，是实现个人愿景的原则。”后，按 Enter 键将该段分为两段。如图 3-6 所示。再次将光标插入点定位于“习惯一：积极主动的态度，是实现个人愿景的原则。”后，按 Delete 键又将两段合并。

用鼠标选定文档最后一段，按 Delete 键删除选定的段落。

任务四 保存文档

单击“文件”选项卡，在展开的下拉菜单中选择“保存”命令，弹出“另存为”对话框，如图 3-7 所示。

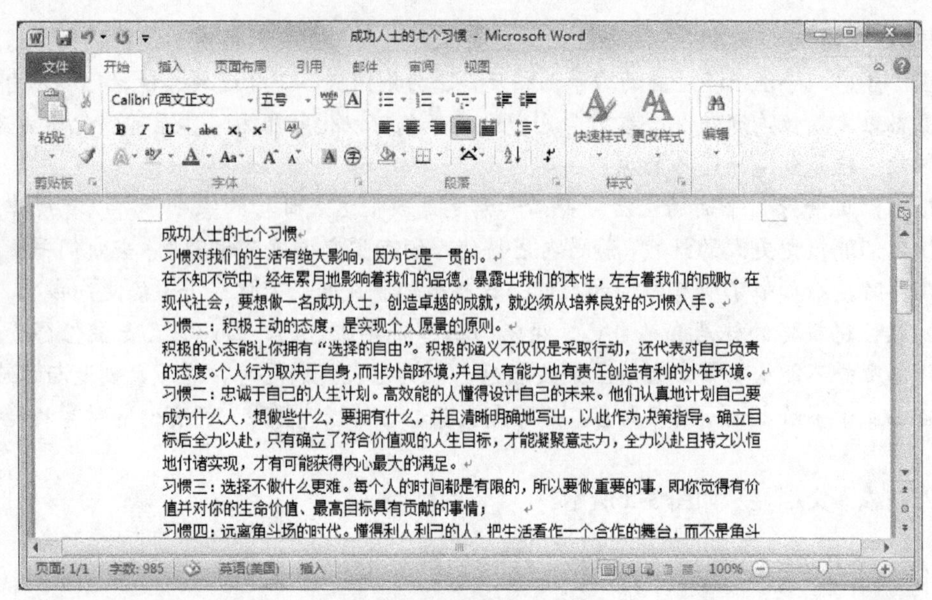

图 3-6　段落的拆分和合并

图 3-7　“另存为”对话框

在“保存位置”下拉列表框中选择“桌面”。

在文件名文本框中输入“成功人士的七个习惯”，确认保存类型为 Word 文档。

单击“保存”按钮。注意观察此时所创建的 Word 文档在标题栏中显示的文档名已经改变。

任务五　改变文本的显示比例

切换到“视图”选项卡，单击“显示比例”选项组中“显示比例”按钮，弹出“显示比例”对话框，在“显示比例”选项中设置显示比例为 110%，单击“确定”按钮。如图 3-8 所示。

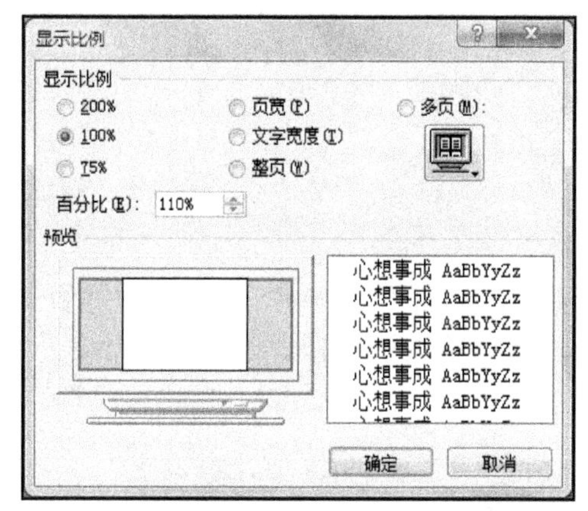

图 3-8　“显示比例”对话框

在对话框中可单击“文字宽度”单选按钮，观察预览效果。

也可通过自主调整窗口右下角的“显示比例”滑块，实现文本显示比例的改变。如图 3-9 所示。

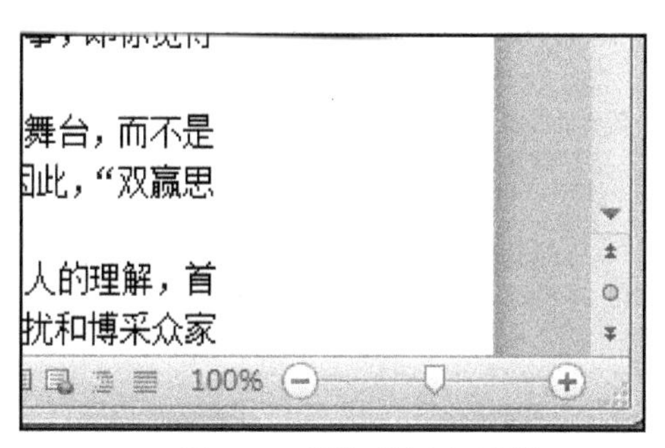

图 3-9　“显示比例“滑块

任务六　查找和替换字符串

切换到“开始”选项卡，单击“编辑”选项组中的“查找”按钮，弹出“导航”窗格。

在“导航”窗格中的“搜索文档”文本框中输入“习惯”，文档中会自动将搜索到的内容突出显示出来。

单击“编辑”选项组中的“替换”按钮，弹出“查找和替换”对话框，选中“替换”选项卡，在“查找内容”下拉列表框内输入“习惯”，在“替换为”框中输入“必备习惯”。如图 3-10 所示。

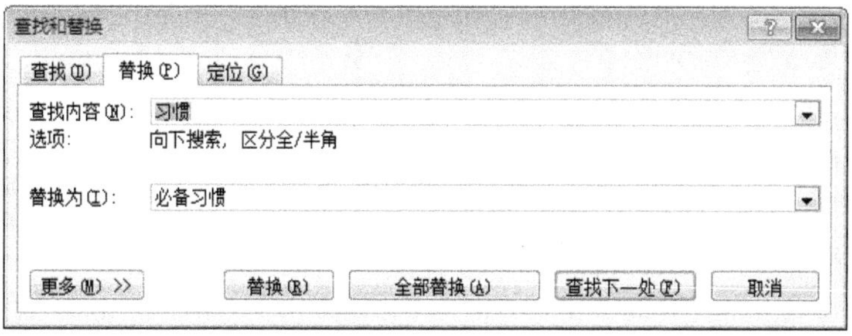

图 3-10　“查找和替换”对话框

连续单击“替换”按钮，将依次替换所有替换内容。

或单击“全部替换”按钮，将会替换文档中所有替换内容。

单击“关闭”按钮，退出操作。

任务七　另存文档

单击“快速访问工具栏”中的“保存”按钮，观察这时是否弹出“另存为”对话框。

单击“文件”选项卡，在下拉列表中选择“另存为”命令，弹出“另存为”对话框，将文档另存在D盘根目录下，文件名为“成功必备”，单击“保存”按钮，如图3-11所示。

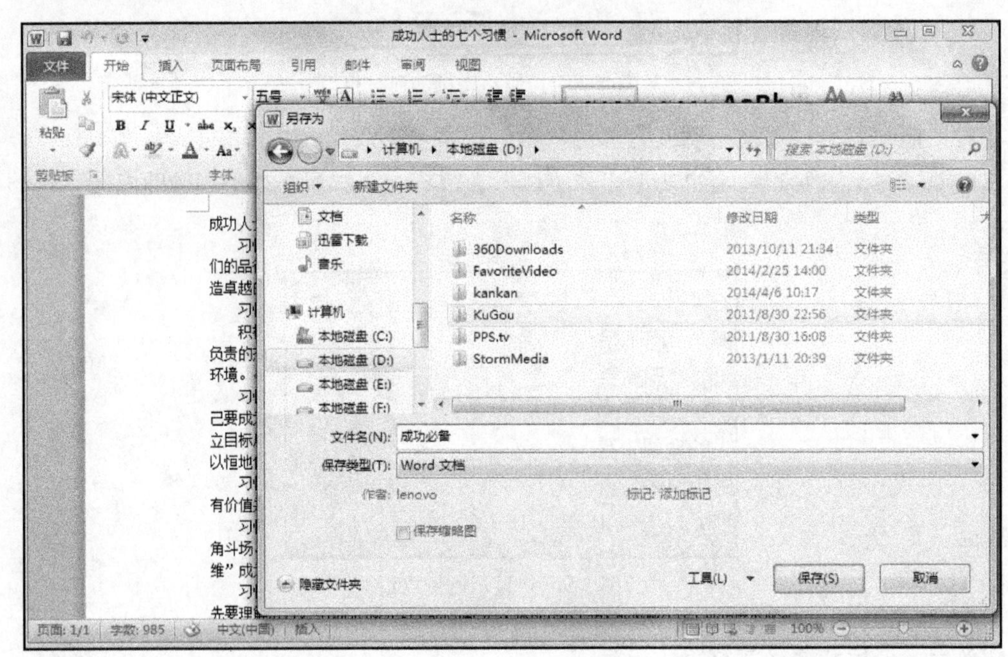

图3-11　另存文档

任务八　退出Word文档

单击标题栏右侧的“关闭”按钮，关闭该文档，同时退出Word。

实验四　Word 文档的编辑

【实验目的】

掌握打开 Word 文档的方法。
熟练掌握 Word 文档中字体、段落的格式设置方法。
掌握字体和段落的边框和底纹的设置方法。
掌握字符格式和段落格式的复制方法。

【实验内容】

任务一　打开 Word 文档

启动 Word，单击“文件”选项卡，在展开的下拉菜单中选择“打开”命令，弹出“打开”对话框。

在对话框中，选择文档所在的根目录，找到目标文档。

选择文档名为“成功人士的七个习惯”的文件，单击“打开”按钮。如图 4-1 所示。

图 4-1　打开文档

任务二　设置字符格式

选中标题“成功人士的七个习惯”，切换到“开始”选项卡，单击“字体”选项组中“字体”按钮右侧的向下箭头，在下拉列表中选择“隶书”选项。

单击“字号”按钮右侧的向下箭头，在下拉列表中选择“二号”选项，单击“加粗”按钮。单击“字体颜色”按钮右侧的向下箭头，选择“红色”选项。

选择正文，在“字体”下拉列表中选择“小四”选项，如图 4-2 所示。

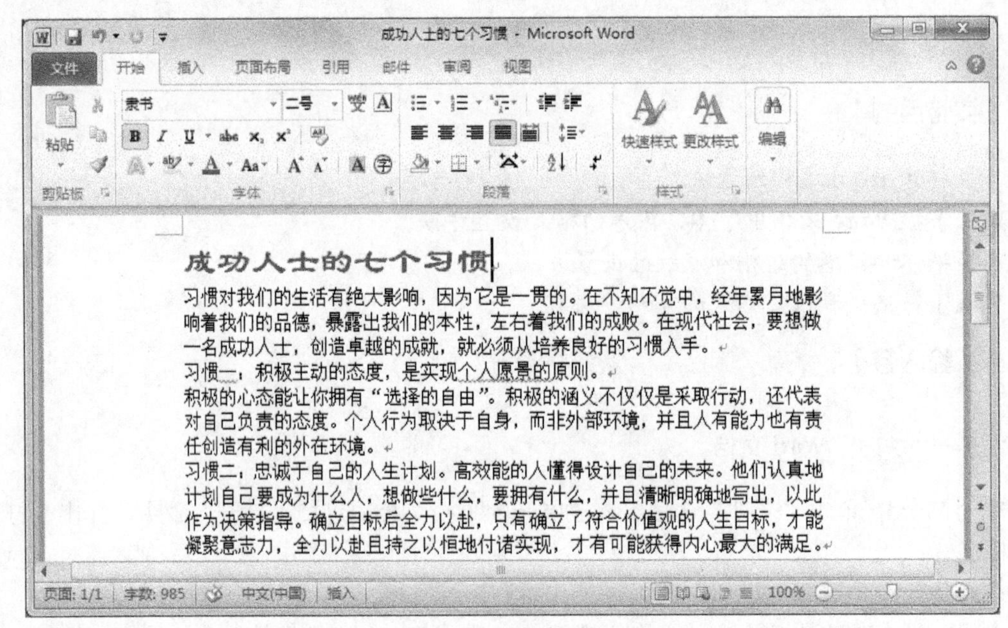

图 4-2　设置字符格式

任务三　设置段落格式

将插入点定位于标题段，单击“段落”选项组中的“居中”按钮，将显示选定的段落居中对齐。如图 4-3 所示。

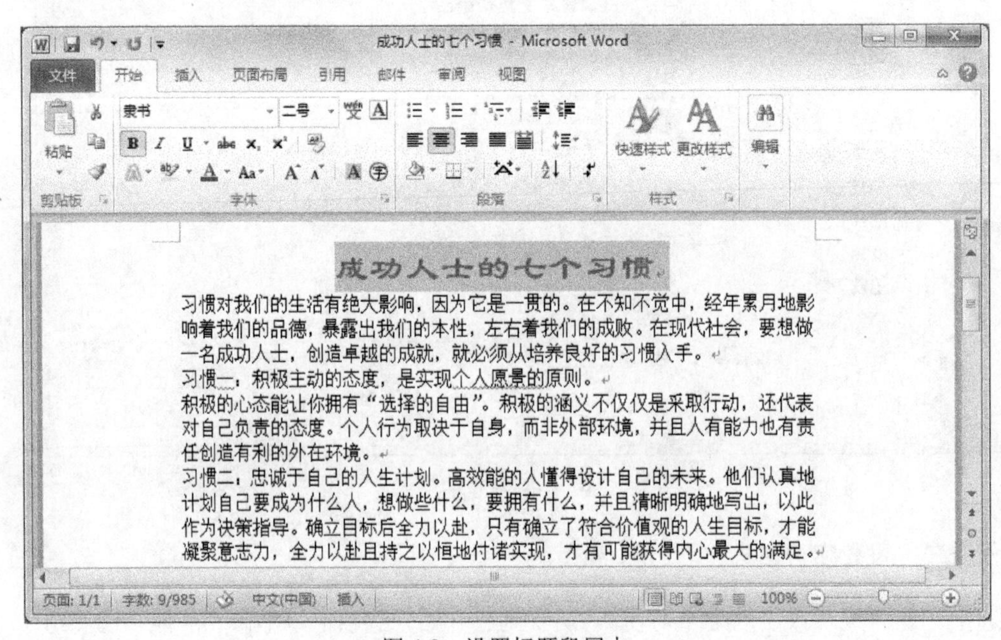

图 4-3　设置标题段居中

将光标插入点定位于正文第一段中，切换到“开始”选项卡，单击“段落”选项组右下角的对话框启动器，打开“段落”对话框。

单击“缩进和间距”选项卡，在“特殊格式”下拉列表框中选择“首行缩进”，在“磅值”框中选择“2 字符”。

在“间距”选项组中的“段前”、“段后”设置框中，分别设置为“0.5 行”。

在“行距”下拉列表框中选择“固定值”，在“设置值”设置框中输入“20 磅”。如图 4-4 所示。

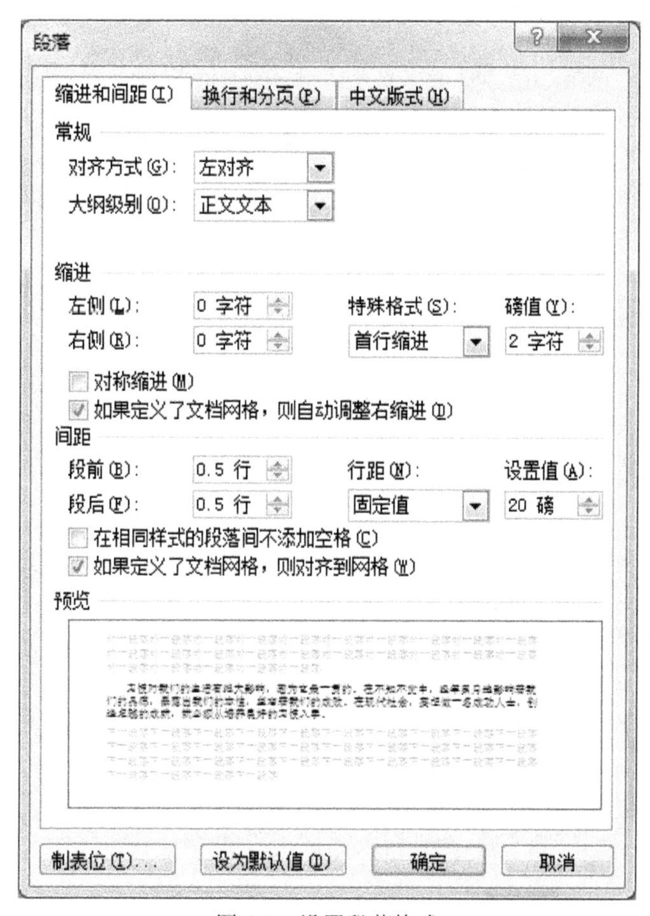

图 4-4　设置段落格式

单击“确定”按钮。

任务四　复制段落格式

将光标插入点置于第一段内。

双击“开始”选项卡→“剪贴板”选项组中的“格式刷”按钮，此时鼠标指针变成“刷子”形状。

把“刷子”移动到第二段，单击该段内任意位置，如图 4-5 所示。

同样将“刷子”分别单击后边段落。

复制完成，再次单击“格式刷”按钮。

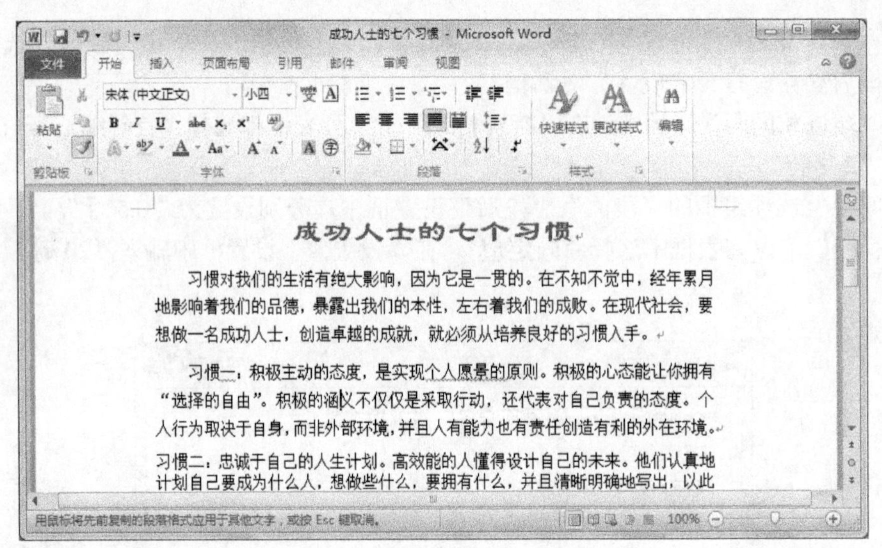

图 4-5　利用格式刷复制段落格式

任务五　修饰文本字体

选中第二段中的“习惯一：积极主动的态度，是实现个人愿望的原则。”，切换到“开始”选项卡，单击“字体”选项组中“字体”按钮右侧的向下箭头，在下拉列表中选择“黑体”，单击“加粗”和“倾斜”按钮，单击“字体颜色”按钮右侧的向下箭头，选择字体颜色为“红色”。如图 4-6 所示。

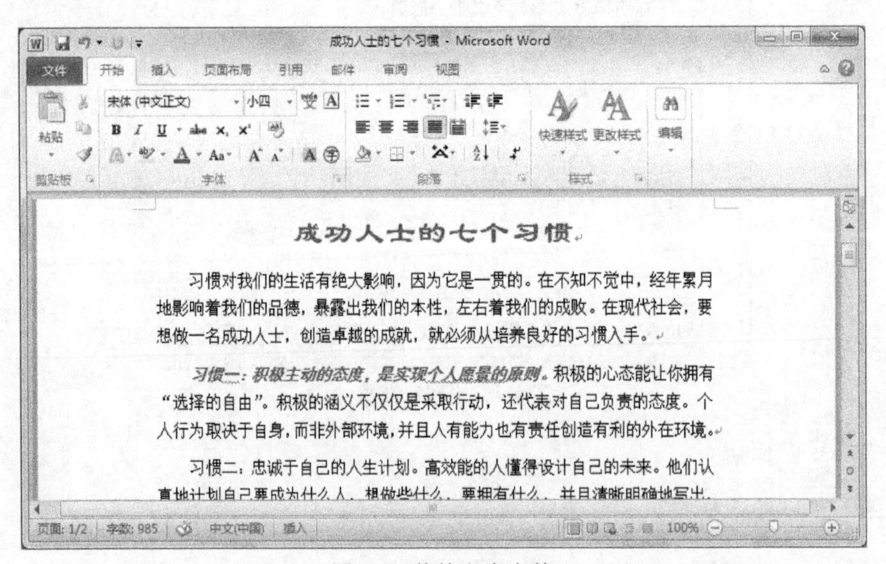

图 4-6　修饰文本字体

双击“开始”选项卡→“剪贴板”选项组中的“格式刷”按钮，此时鼠标指针变成“刷子”形状。

把“刷子”移到第三段的开始处，拖过第一句“习惯二：忠诚于自己的人生计划。”。

同样将“刷子”分别拖过后边段落的第一句。

复制完成，再次单击“格式刷”按钮。

切换到“视图”选项卡，单击“显示比例”按钮，在弹出的对话框中，设置“显示比例”为“整页”，观察设置后的效果。如图 4-7 所示。

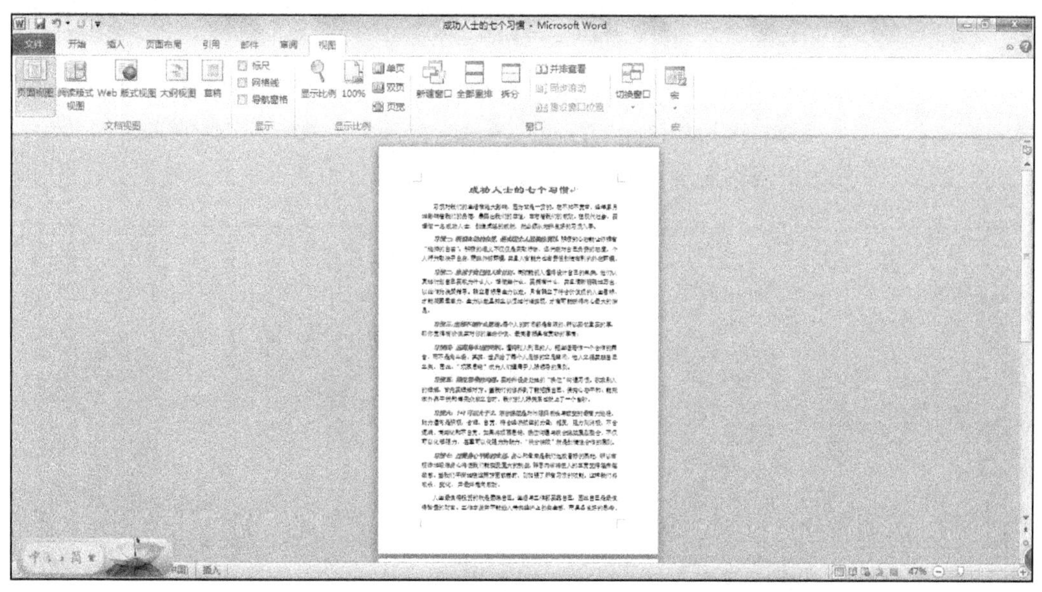

图 4-7　修饰文本后的效果

任务六　设置段落的边框和底纹

选中第二段，切换到“开始”选项卡，单击“段落”选项组中“下框线”按钮右侧向下箭头，在下拉列表中选择“边框和底纹”命令，弹出“边框和底纹”对话框。

在“设置”选项组中选择“方框”选项，在“样式”列表框中选择“双线”选项，在“颜色”下拉列表中选择“蓝色”，在“宽度”下拉列表中选择“0.5 磅”，在“应用于”下拉列表中选择“段落”选项。如图 4-8 所示。

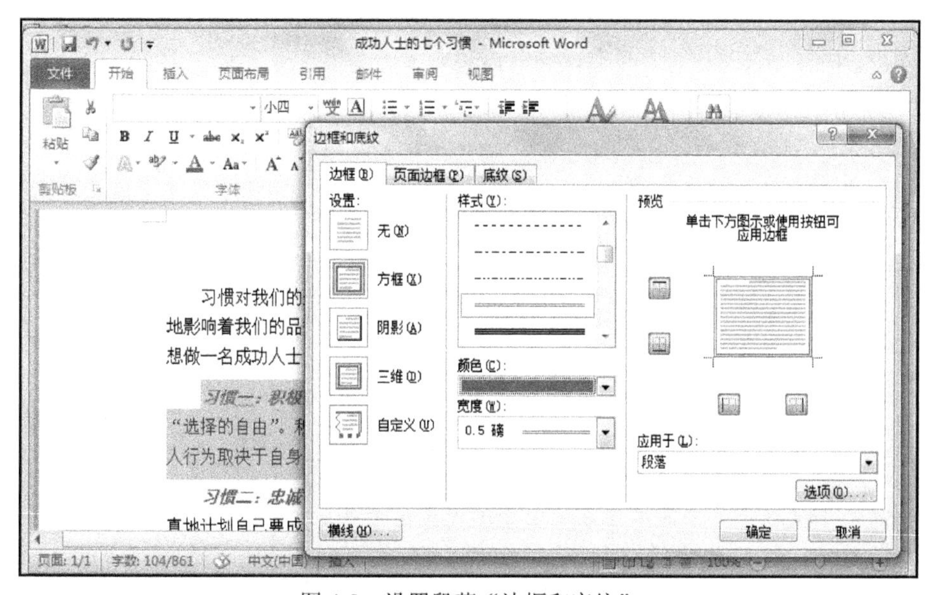

图 4-8　设置段落“边框和底纹”

单击“确定”按钮完成段落边框的设置，观察设置后的效果。

选中第三段，再次切换到“开始”选项卡，单击“段落”选项组中“下框线”按钮右侧的向下箭头，在下拉列表中选择“边框和底纹”命令，弹出“边框和底纹”对话框，单击“底纹”选项卡。

在“填充”选项组中选择“灰色—20%”选项，在“应用于”下拉列表中选择“段落”选项。

单击“确定”按钮。观察设置后的效果。如图 4-9 所示。

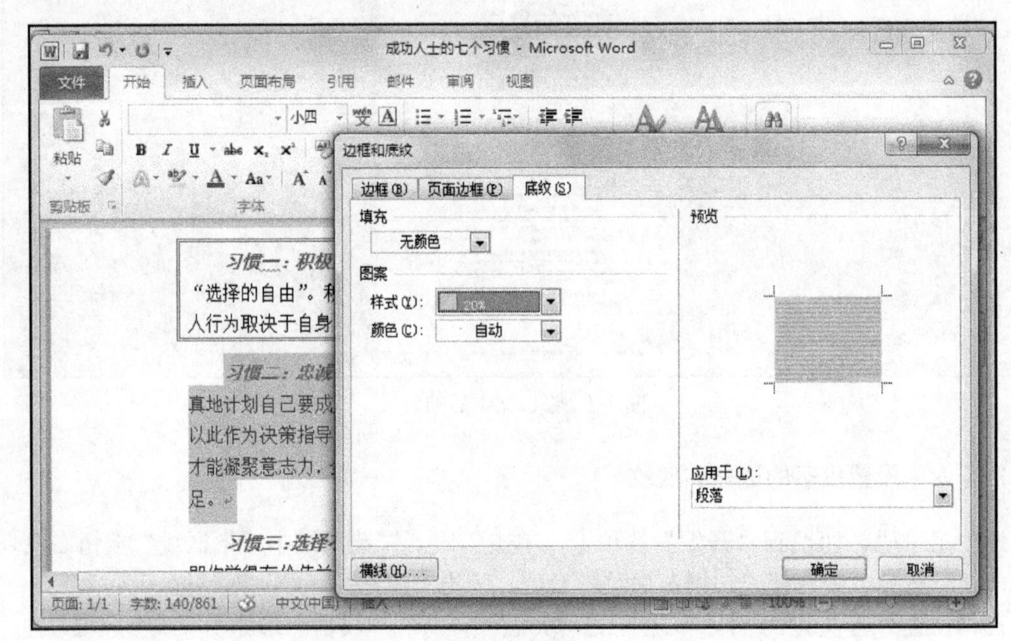

图 4-9 设置段落底纹

任务七 关闭文档

单击“快速访问工具栏”中的“保存”按钮。

单击标题栏右侧的“关闭”按钮，退出 Word。

实验五　Word 文档图文混排

【实验目的】

掌握 Word 文档中图形的插入和格式设置。
掌握 Word 文档中艺术字的插入和格式设置。
掌握分栏的方法。
掌握图文混排的方法。

【实验内容】

任务一　新建文档

新建 Word 文档，输入下面的内容。

读书方法五种

第一种是信息式阅读法。这类阅读的目的只是为了了解情况。我们阅读报纸、广告、说明书等属于这种阅读方法。对于大多数这类资料，读者应该使用一目十行的速读法，眼睛像电子扫描一样地在文字间快速浏览，及时捕捉自己所需的内容，舍弃无关的部分。

第二种是文学作品阅读法。文学作品除了内容之外，还有修辞和韵律上的意义。因此阅读时应该非常缓慢，自己能听到其中每一个词的声音。阅读诗词更要注意听到声音，即使是一行诗中漏掉了一个音节，照样也能听得出来。阅读散文要注意它的韵律，聆听词句前后的声音，还需要从隐喻或词与词之间的组合中获取自己的感知，得到自己的理解。

第三种是经典著作阅读法，这种方法用来阅读哲学、经济、军事和古典著作。阅读这些著作要像读文学作品一样的慢，但读者的眼睛经常离开书本，对书中的一字一句都细加思索，捕捉作者的真正的用意，从而理解其中的深奥的哲理。

第四种阅读方法是麻醉性的阅读法。这种阅读只是为了消遣。如同服用麻醉品那样使读者忘却了自己的存在，飘飘然于无限的幻想之中。

第五种是我们要知道文章的中心，可以知道中心人物的好品质。

将标题设置为隶书、二号、居中，段后间距“1 行”。
设置正文文字为宋体、小四，首行缩进 2 字符。

任务二　设置分栏

选中第 2~3 段。

切换到“页面布局”选项卡，单击“页面设置”选项组中“分栏”按钮下方的向下箭头，选择“更多分栏”命令，弹出分栏对话框。

在“分栏”对话框中，选择预设为“两栏”选项，设置“分隔线”，设置“宽度”为 18 字符、“间距”为 3 字符。如图 5-1 所示。

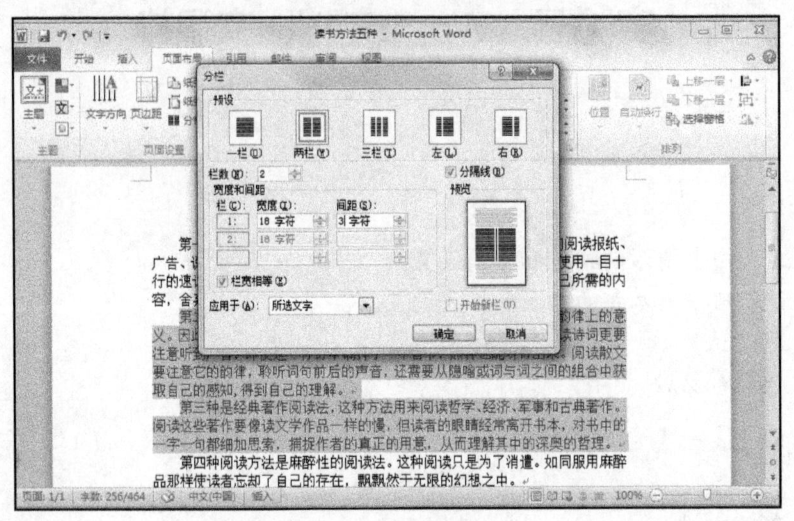

图 5-1　设置分栏

观察分栏效果。

任务三　插入艺术字标题

选中标题“读书方法五种”。

切换到“插入”选项卡，单击“文本”选项组中“艺术字”下方的向下箭头，在展开的下拉列表中选择“填充-橙色，强调文字颜色 6，渐变轮廓-强调文字颜色 6”选项。将按要求生成艺术字图形对象。与此同时弹出“绘图工具－格式”选项卡。

在“绘图工具－格式”选项卡的“排列”选项组中，单击“自动换行”按钮下方的向下箭头，在展开的下拉列表中，选择“四周环绕”选项。再单击“位置”按钮下方的向下箭头，在展开的下拉列表中选择“顶端居中，四周型文字环绕”选项。效果如图 5-2 所示。

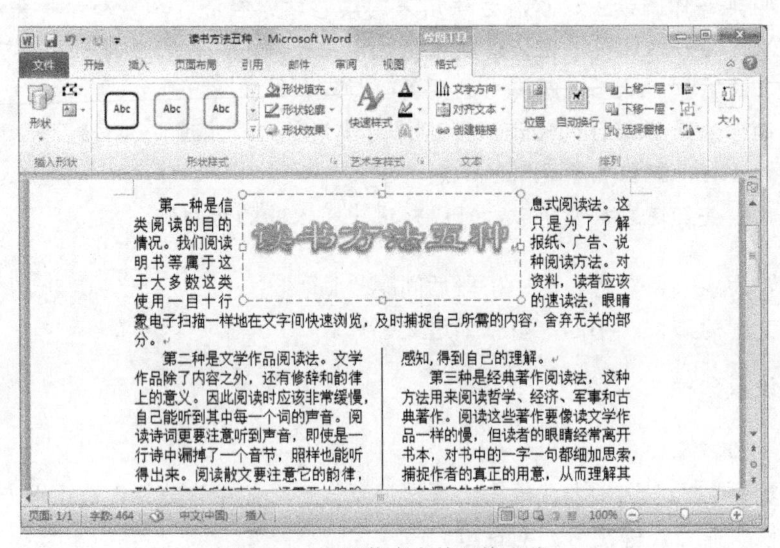

图 5-2　设置艺术字的环绕方式

选中插入的艺术字，切换到“格式”选项卡，在“艺术字样式”选项组中，单击“文本效果”按钮右侧的向下箭头，在展开的下拉列表中选择“转换”→“弯曲”→“停止”选项。如图 5-3 所示。

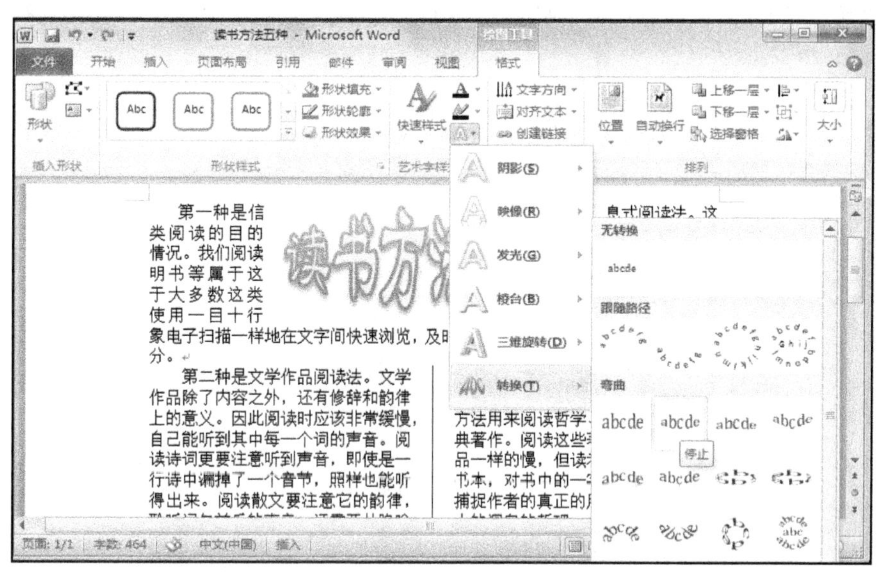

图 5-3 转换艺术字文本效果

观察艺术字文本改变的效果。

任务四 插入剪贴画

将光标插入点定位于第二段开头，切换到“插入”选项卡，单击“插图”选项组中“剪贴画”按钮，弹出“剪贴画”任务窗格。

在“搜索文字”框中，输入“书”字，单击“搜索”按钮。

在所示结果中单击需要的剪贴画“books,concepts,information…”，将其插入文档中。如图 5-4 所示。

图 5-4 插入剪贴画

选中剪贴画，将鼠标指针置于其四周的八个控点的其中一个，按住鼠标左键拖动以调整剪贴画的大小。

单击“格式”选项卡“排列”选项组中“自动换行”按钮下方的向下箭头，在展开的下拉列表中选择“紧密型环绕”选项（如图 5-5 所示）。

还可将剪贴画拖放到任意位置。

图 5-5　设置艺术字环绕方式

实验六　Word 表格的创建和编辑

【实验目的】

掌握创建 Word 表格的方法。
掌握设置表格字体和对齐方式的方法。
掌握调整表格行高和列宽，以及合并单元格的方法。
掌握表格数据的计算和排序方法。
掌握设置表格边框和底纹的方法。

【实验内容】

任务一　创建 Word 表格

创建一个空白的 Word 文档。

在光标插入点处输入“学生成绩登记表”，按“Enter”键，切换到“插入”选项卡，单击“表格”选项组中“表格”按钮下方的向下箭头，在展开的下拉列表中“拖动表格”选项下，按住鼠标左键拖动选定“5×7 表格”，如图 6-1 所示。

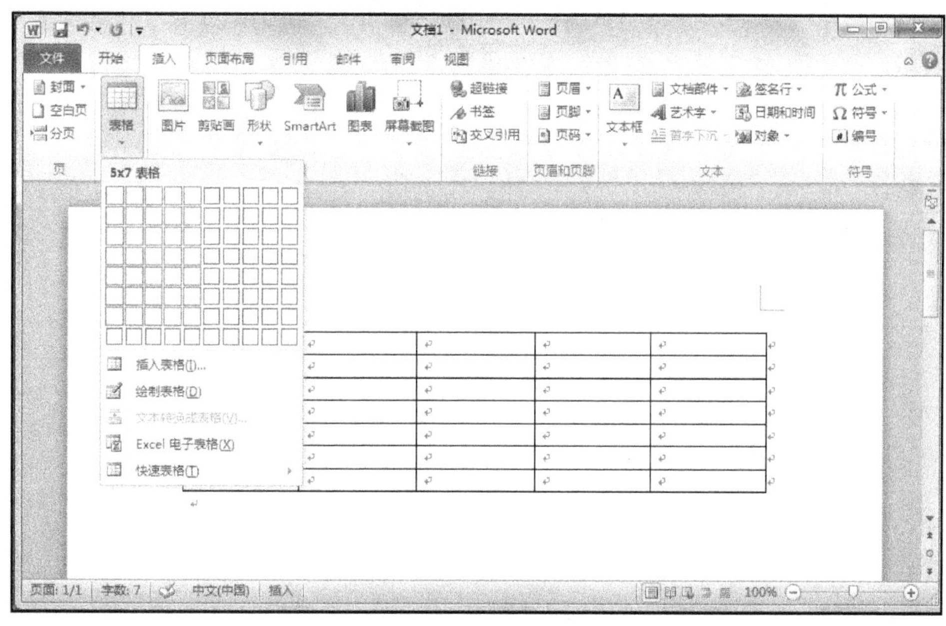

图 6-1　插入表格

选中表标题“学生成绩登记表”，设置字体为隶书、字号为三号、字体颜色为红色、居中。分别单击各个单元格，输入文本内容和数字内容。如图 6-2 所示。

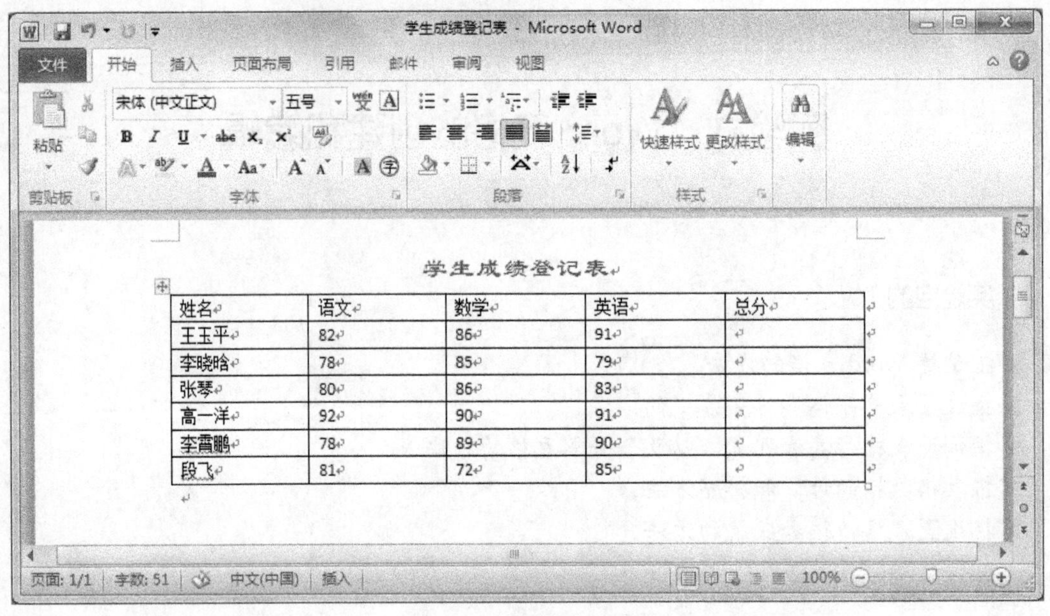

图 6-2　填写表格内容

任务二　数据计算

把光标插入点置于总分下面的单元格中。

切换到“表格工具”→“布局”选项卡，单击“数据”选项组中“公式”按钮，弹出“公式”对话框。如图 6-3 所示。

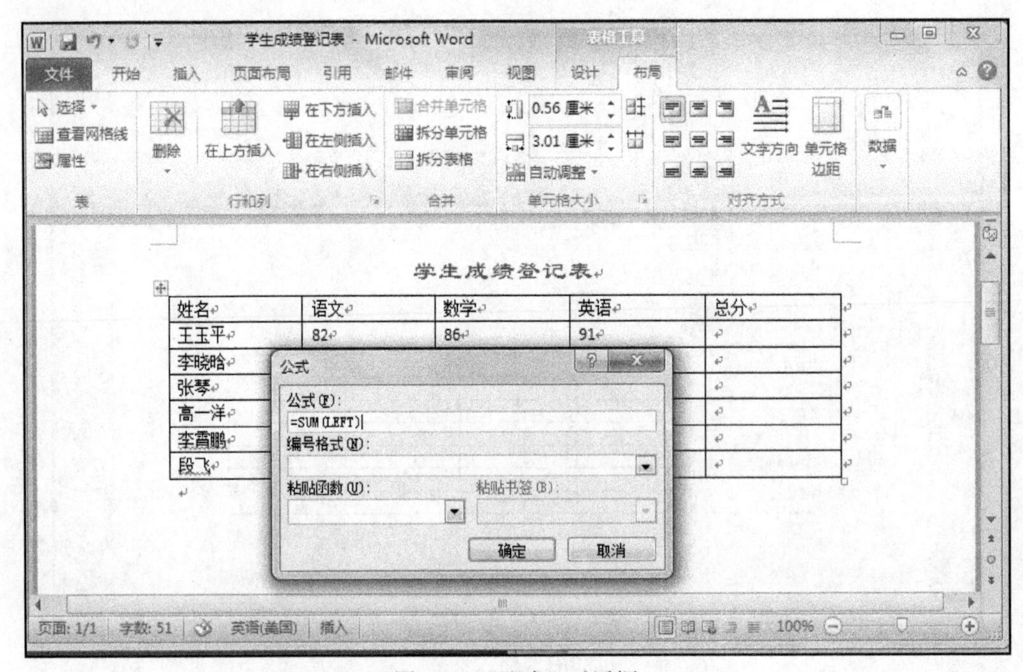

图 6-3　“公式”对话框

单击“确定”按钮，得到计算结果。

单击下面的单元格，利用同样的方法打开“公式”对话框，将 Word 给出的计算公式“=SUM

（ABOVE）”改为“=SUM（LEFT）”，单击“确定”按钮。

用同样的方法依次计算下面各行的总分。

任务三　数据排序

将光标插入点置于要进行排序的表格中，切换到“表格工具”→“布局”选项卡，单击“数据”选项组中“排序”按钮。

弹出“排序”对话框，在“主要关键字”下拉列表框中选择“语文”，在“类型”下拉列表框中选择“数字”，确定排序方式为“降序”。

在“次要关键字”下拉列表框中选择“数学”，在“类型”下拉列表框中选择“数字”，确定排序方式为“降序”。如图 6-4 所示。

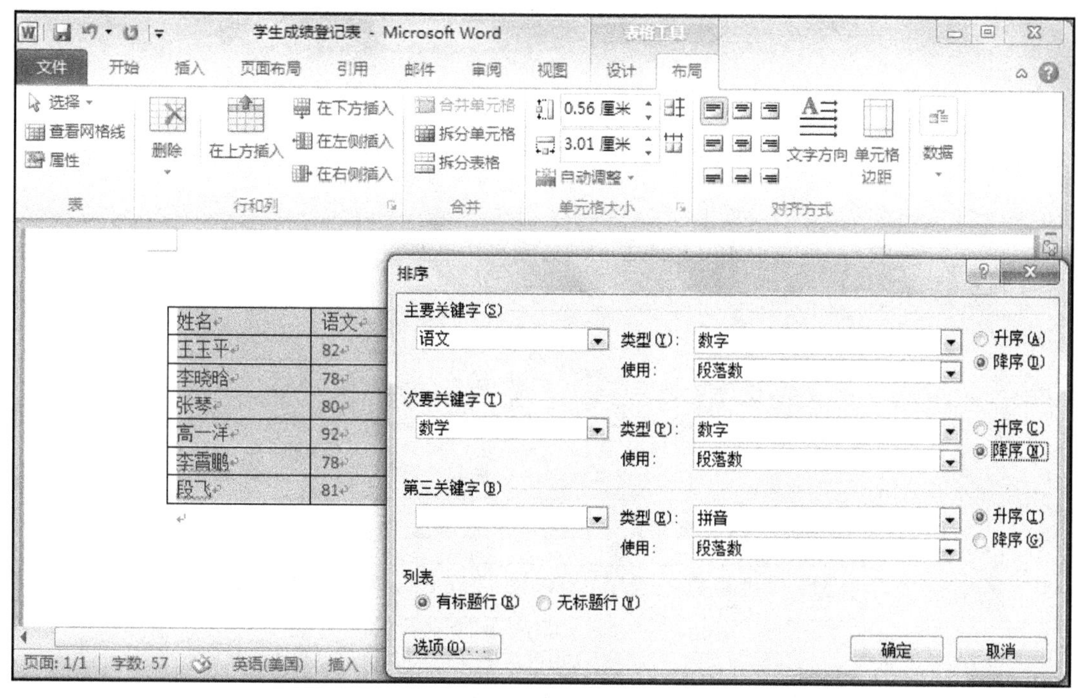

图 6-4　数据排序

单击“确定”按钮。观察排序效果。

任务四　设置表格中文本字体和单元格中文本的对齐方式

选中第一行，切换到“表格工具”→“布局”选项卡，在“单元格大小”选项组中，设置高度为“1.5 厘米”，宽度为“3 厘米”，按“Enter”键。

选中第一行，将第一行文本字体设置为黑体、五号、加粗。如图 6-5 所示。

选定 2～7 行，切换到“表格工具”→“布局”选项卡，在“单元格大小”选项组中，设置高度为“1 厘米”，宽度为“3 厘米”，按“Enter”键。

全选整个表格，切换到“表格工具”→“布局”选项卡，在“对齐方式”选项组中，设置单元格中文本的对齐方式为“中部居中”。如图 6-6 所示。

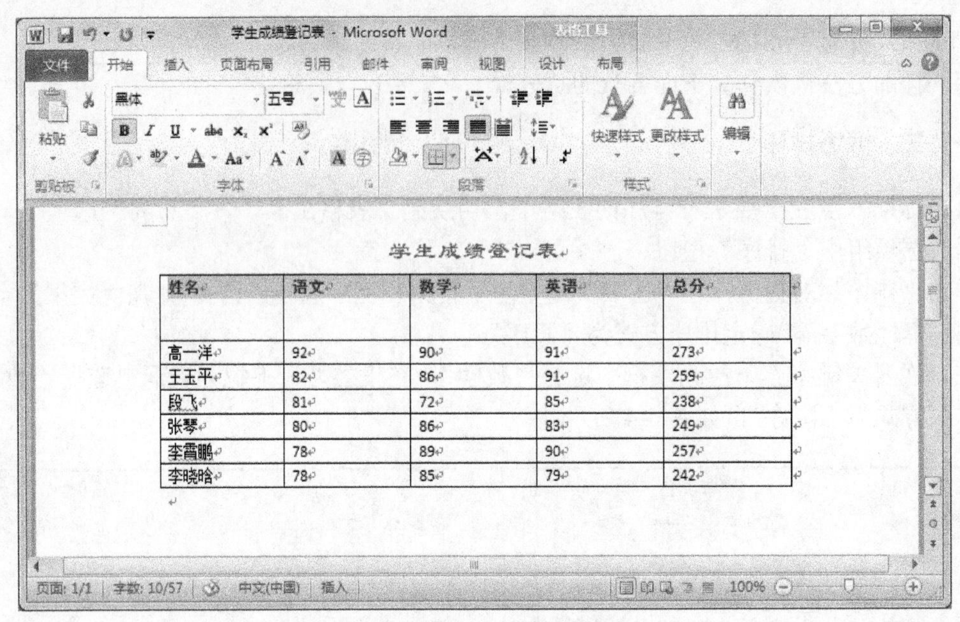

图 6-5 设置单元格字体格式

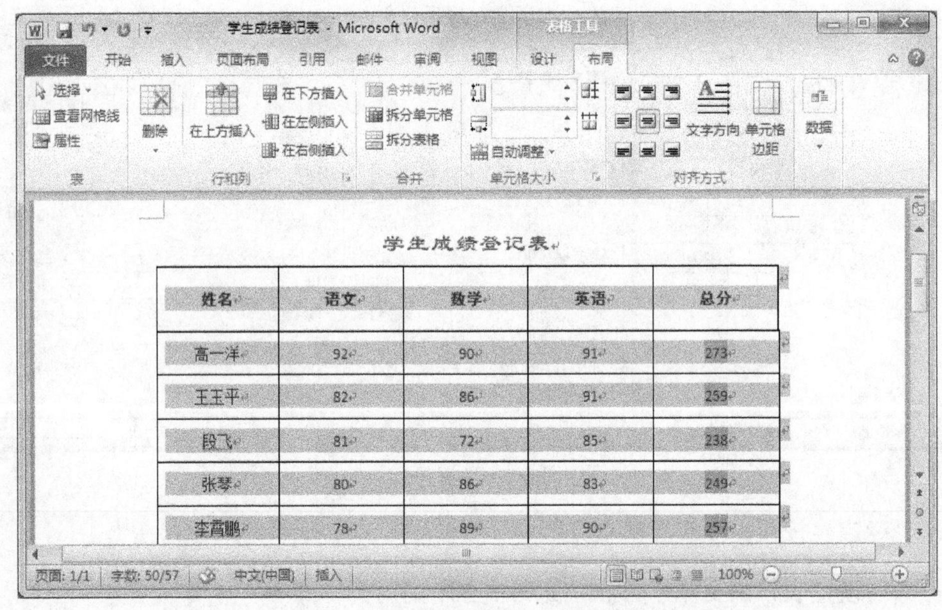

图 6-6 设置单元格中文本的对齐方式

任务五 拆分和合并单元格

选定第一行，切换到“表格工具”→“布局”选项卡，在“行与列”选项组中，单击“在上方插入”按钮，将在指定位置插入一行。如图 6-7 所示。

选定第一列中 1、2 两个单元格，切换到“表格工具”→“布局”选项卡，单击“合并”选项组中“合并单元格”按钮。

用同样的方法合并第一行中 2、3、4 个单元格，第五列中 1、2 单元格。效果如图 6-8 所示。

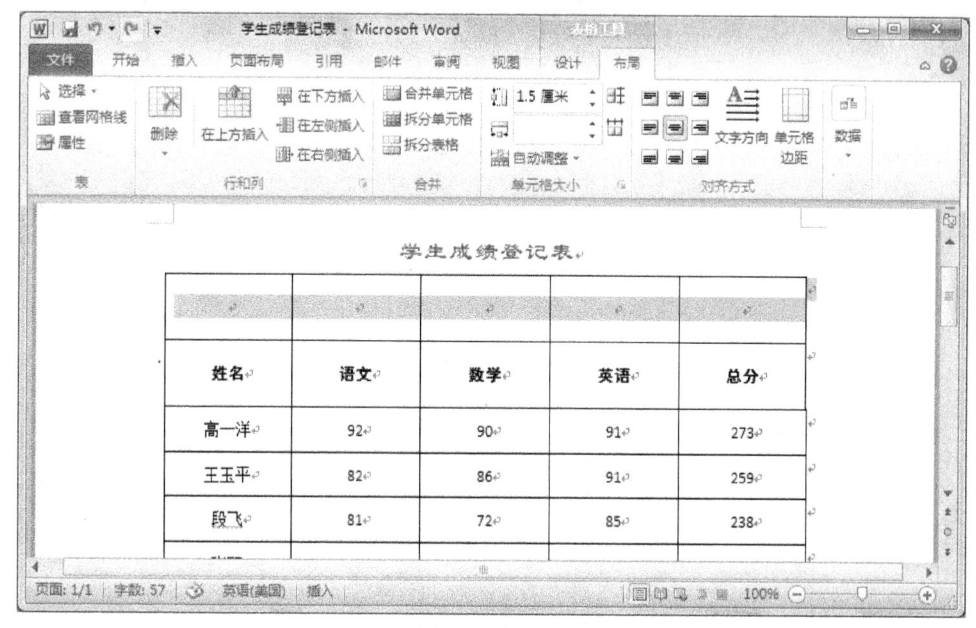

图 6-7　插入行

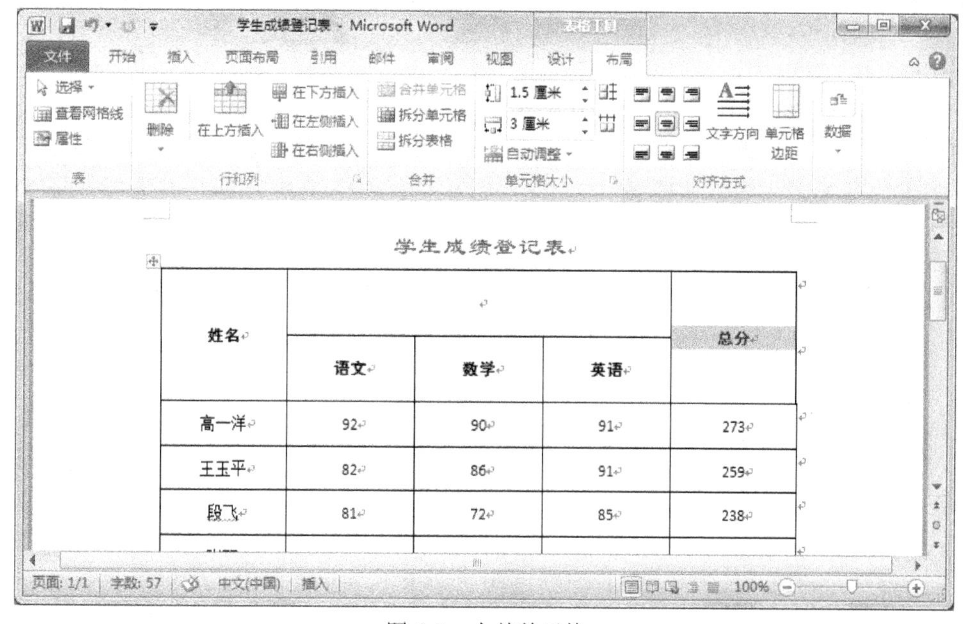

图 6-8　合并单元格

输入相关的内容。

任务六　设置边框和底纹

选中整个表格，切换到“表格工具”→“布局”选项卡，单击“表格样式”选项组中“边框”右侧的向下箭头，在下拉列表中选择“边框和底纹”命令。

弹出“边框和底纹”对话框，单击“边框”选项卡，表格设置为“方框”，样式为“单实线”，颜色为“蓝色”，宽度为“1 磅”，应用于“表格”，单击“确定”按钮。如图 6-9 所示。

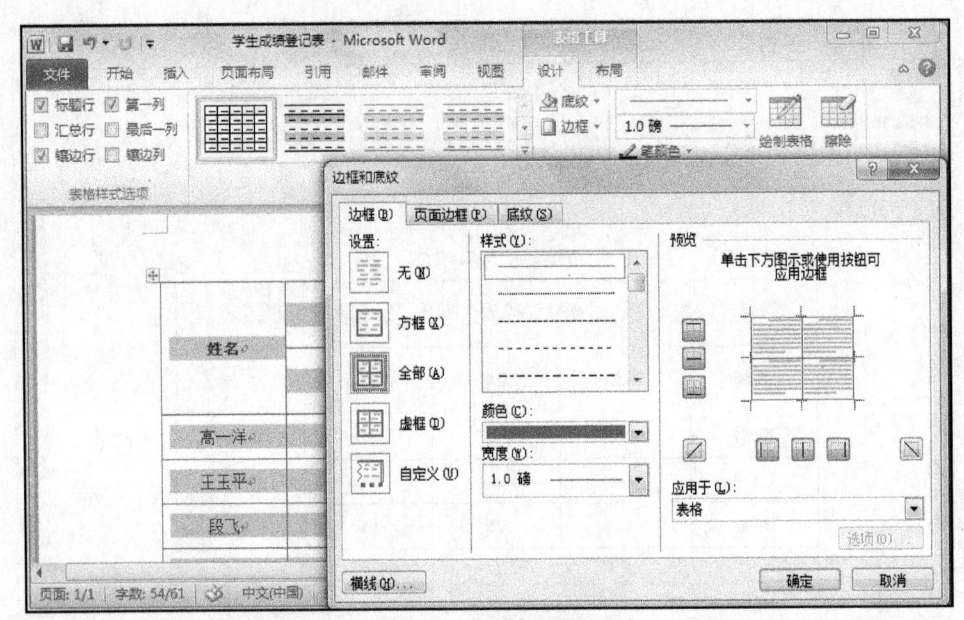

图 6-9 设置表格边框

选定表格标题行，切换到“表格工具”→“布局”选项卡，单击“表格样式”选项组中“边框”右侧的向下箭头，在下拉列表中选择“边框和底纹”命令。

弹出“边框和底纹”对话框，单击“底纹”选项卡，设置单元格底纹为“图案样式 15%”，应用于“单元格”，单击“确定”按钮。如图 6-10 所示。

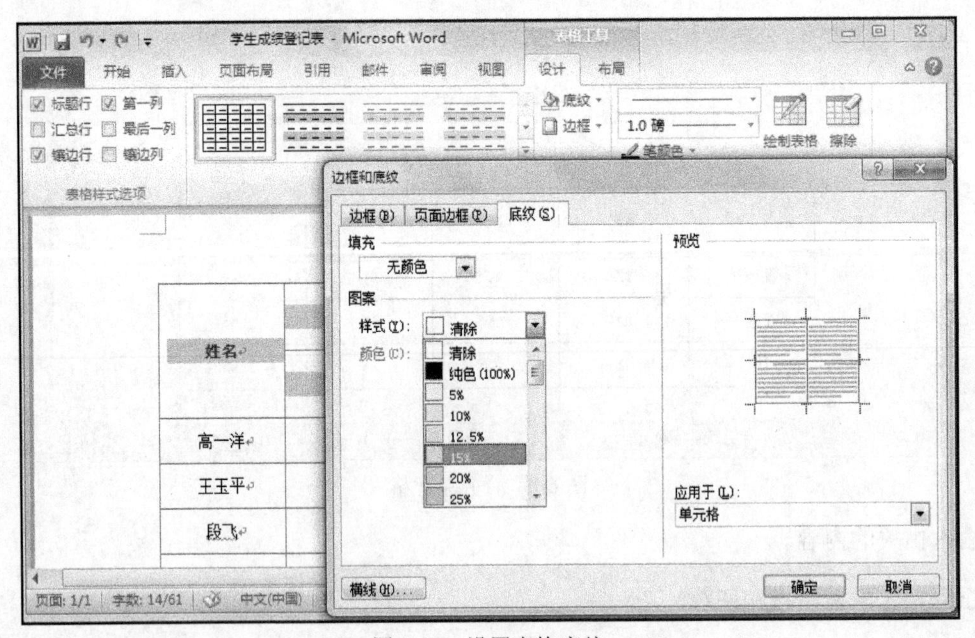

图 6-10 设置表格底纹

实验七　Word 文档的高级排版和页面设置

【实验目的】

掌握设置页眉页脚的方法。
掌握设置段落首字下沉的方法。
掌握页面设置的方法。

【实验内容】

任务一　插入页眉和页脚

打开文档“成功人士的七个习惯”，切换到“插入”选项卡，单击“页眉和页脚”选项组中“页眉”按钮，在弹出的菜单中选择格式为“空白”。

此时进入“页眉”编辑状态，在页眉区输入页眉“成功必备”的文本内容。如图 7-1 所示。

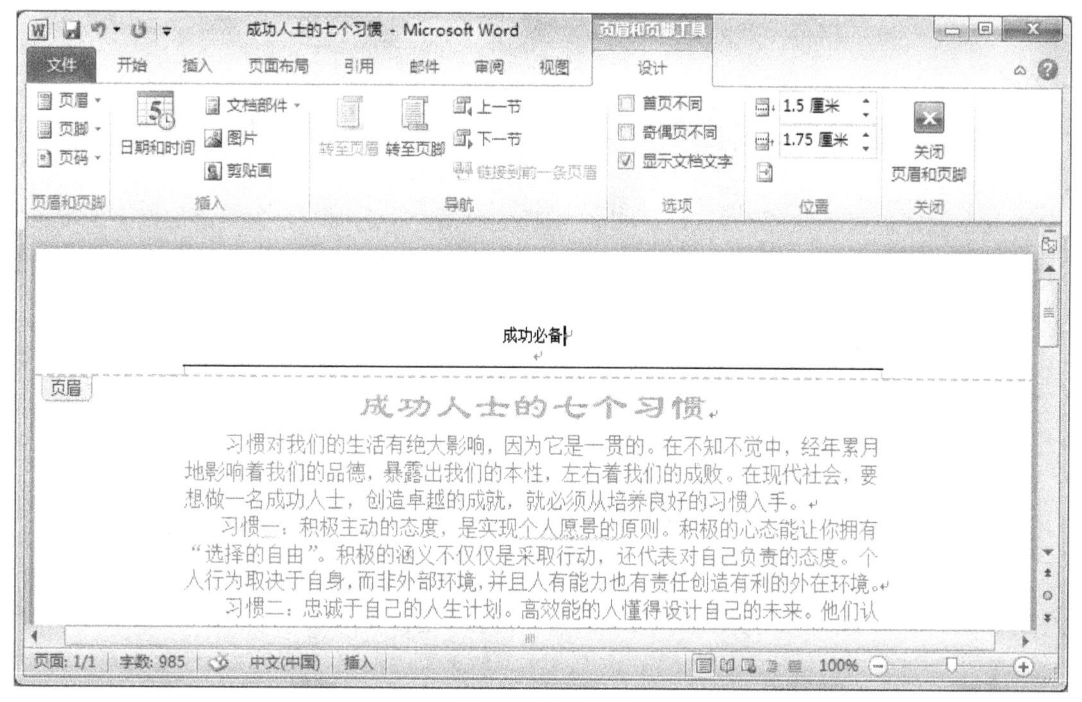

图 7-1　插入页眉

切换到“页眉和页脚工具”→“设计”选项卡，单击“导航”选项组中的“转至页脚”按钮，切换到页脚区中，单击“页眉和页脚”选项组中“页码”按钮下方的向下箭头，在展开的下拉列表中选择“页面底端”“居中”的格式。即可在相应位置插入页码。如图 7-2 所示。

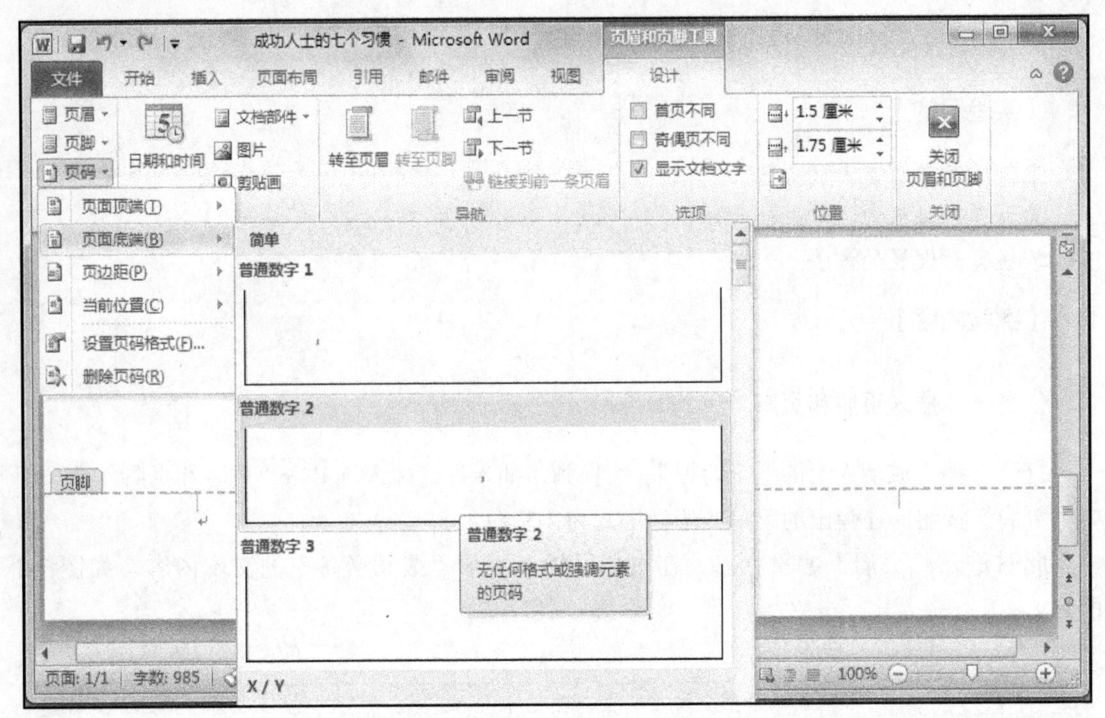

图 7-2　插入页码

任务二　设置段落首字下沉

将光标插入点置于文档正文第二段中，切换到“插入”选项卡，单击“文字”选项组中“首字下沉”按钮右侧的向下箭头，在展开的下拉菜单中选择“首字下沉”选项，弹出“首字下沉”对话框。

在“位置”选项下选择方式为“下沉”，在“下沉行数”文本框中设置为“3”行，在“距正文”文本框中设置首字与正文之间的距离为“0.5 厘米”。

单击“确定”按钮。效果如图 7-3 所示。

任务三　页面设置

打开文档“成功人士的七个习惯”，切换到“页面布局“选项卡，单击“页面设置”选项组中“纸张大小”按钮下方的向下箭头，在下拉菜单中选择“A4”。

单击“纸张方向”按钮下方的向下箭头，在下拉菜单中选择“横向”。

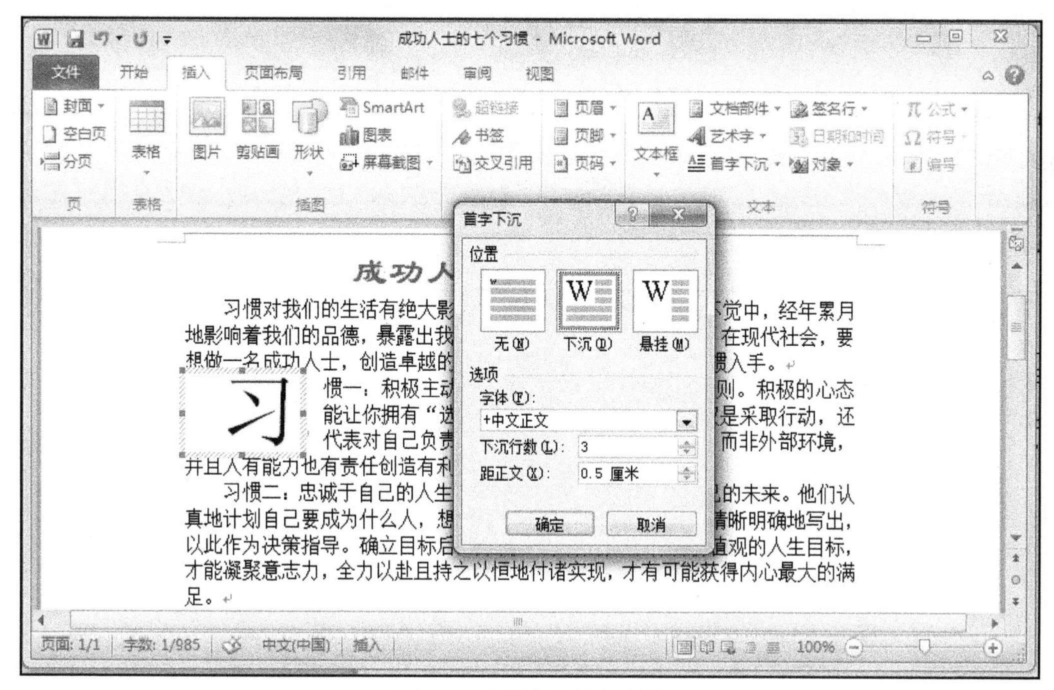

图 7-3　设置段落首字下沉

单击“页面背景”选项组中“页面边框”按钮，弹出“边框和底纹”对话框，选择“页面边框”选项卡，边框设置选择“方框”，边框样式选择“虚线”，颜色设置为“蓝色”，宽度设置为“2 磅”，应用于“整篇文档”。

单击“确定”按钮。如图 7-4 所示。

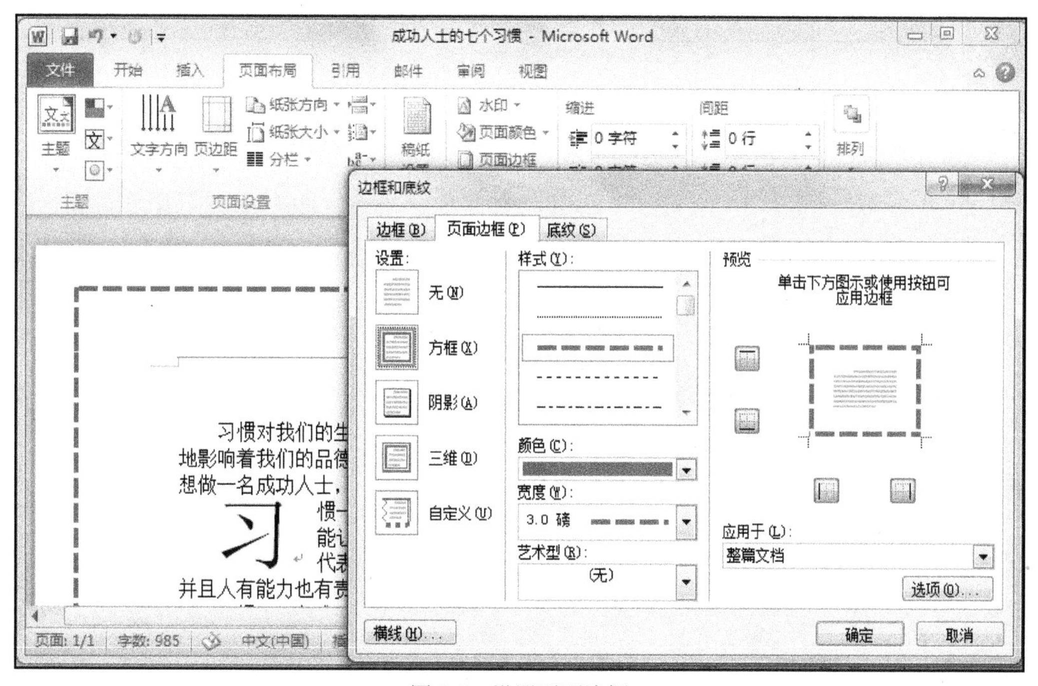

图 7-4　设置页面边框

项目工作情况表

______年_____月_____日

项目名称			
姓名		同组成员	
项目目的			
任务实施过程			
项目总结	签名：		
评价及问题分析	教师签名：		

项目四　Excel 2010 基本操作

实验八　Excel 2010 文件、工作表及数据输入

【实验目的】

通过本实验掌握 Excel 2010 的启动和退出方法、主窗口的组成、工作簿文件的建立、保存、打开、和关闭的方法、工作表的管理方法以及在工作表中输入数据的方法，公式和基本函数的运用。

【实验内容】

（1）新建 Excel 工作簿，在 Sheet1 工作表中输入如图 8-1 所示数据，然后以“学号+姓名.xls”为名存盘；

excel1

	A	B	C	D	E	F	G	H	I
1	序号	姓名	政治	英语	计算机	数学	体育	总分	平均分
2	1	陶骏	75	88	90	77	100		
3	2	陈晴	80	83	90	70	95		
4		马大大	77	82	95	72	100		
5		夏小雪	66	84	90	78	100		
6		王晓伟	80	82	89	75	95		
7		王晴	68	85	94	67	95		
8		徐凝	78	85	90	69	98		
9		宋城	56	74	92	55	97		
10		郭小雨	89	88	93	89	95		
11		夏微	88	90	90	75	100		
12		曹晓宇	85	78	90	73	90		
13		马霏霏	82	80	95	79	90		
14		吴彤彤	68	70	89	80	95		
15		张芳虞	69	78	90	72	100		
16		李廷强	70	75	89	77	100		

图 8-1　表内数据

（2）将工作表“Sheet1”中的内容复制到工作表“Sheet2”中，并将“Sheet2”重新命名为“学生成绩单”；

（3）在“学生成绩单”工作表中用填充句柄或编辑下拉菜单中的填充项填充“序号”字段，递增，步长为 1；

（4）在“学生成绩单”工作表中利用公式或函数计算“总分”字段的值，并自动填充；

（5）在“学生成绩单”工作表中利用公式或函数计算“平均分”字段的值，并自动填充用小数点后两位表示；

（6）在“学生成绩单”工作表中利用公式或函数计算出各科目的最高分，分别放在相应列的第 17 行的对应单元格当中；

（7）将文件保存。

实验九　Excel 工作簿中工作表的编辑

【实验目的】

掌握 Excel 2010 工作表的编辑和格式化方法。

【实验内容】

（1）打开实验八保存的文件；

（2）将工作表“学生成绩单”中的内容复制到工作表“Sheet3”中，并将“Sheet3”重新命名为“编辑学生成绩单”；

（3）在“编辑学生成绩单”的 B 列前插入 1 列，字段名为“学号”，值为文本型数字，第一个是 20041001（如图 9-1 所示），以后的每一个比前一个大 1，用序列填充法得到所有学号；

（4）在工作表“编辑学生成绩单”的 C 列后插入一列，字段名为“性别”，其值除“序号”为“1 号”，“15 号”的相应单元格为“男”，剩下的全为“女”；

excel1

	A	B	C	D	E	F	G	H	I	J	K	L
1	序号	学号	姓名	性别	政治	英语	计算机	数学	体育	总分	平均分	
2	1	20041001	陶骏	男	75	88	90	77	100	430	86.00	
3	2		陈晴	女	80	83	90	70	95	418	83.60	
4	3		马大大	女	77	82	95	72	100	426	85.20	
5	4		夏小雪	女	66	84	90	78	100	418	83.60	
6	5		王晓伟	女	80	82	89	75	95	421	84.20	
7	6		王晴	女	68	85	94	67	95	409	81.80	
8	7		徐凝	女	78	85	90	69	98	420	84.00	
9	8		宋城	女	56	74	92	55	9"	374	74.80	
10	9		郭小雨	女	89	88	93	89	95	454	90.80	
11	10		夏微	女	88	90	90	75	100	443	88.60	
12	11		曹晓宇	女	85	78	90	73	90	416	83.20	
13	12		马霏霏	女	82	80	95	79	90	426	85.20	
14	13		吴彤彤	女	68	70	89	80	95	402	80.40	
15	14		张芳虞	女	69	78	90	72	100	409	81.80	
16	15		李廷强	男	70	75	89	77	100	411	82.20	
17					89	90	95	89	100			
18												

图 9-1　数据表

（5）在第一行前插入一空白行，在 A1 中填入“学生成绩表”；

（6）将 A1 到 K1 单元格合并，设置为水平、垂直居中；“常规”型；字体为黑体、蓝色、18 号；行高为 30；

（7）各字段名的格式为：宋体，红色，12 号；行高 20；水平、垂直居中；

（8）全部数据格式：宋体，12 号，行高 18；垂直居中；列宽 8；

（9）设置内外边框线，内边框为单实线、红色；外边框为双实线、蓝色；

（10）将文件保存。

实验十　Excel 工作表、窗口的操作

【实验目的】

掌握工作表和窗口的操作方法。

【实验内容】

（1）将实验九保存的文件打开；

（2）将“学生成绩单”工作表移动到最后；

（3）将“编辑学生成绩单”工作表生成一个副本“编辑学生成绩单（2）”，并将其改名为“实验表”；

（4）将“实验表”的窗口从“宋城”处拆分，然后将窗口冻结，分别用拖动“分割条”或者选择菜单“窗口”→“拆分”（或冻结窗口）两种方法实现，然后拖动水平滚动条和垂直滚动条，观察其特点，最后解除冻结及拆分；

（5）在“实验表”中“王晓伟”处插入批注。在出现的批注文本框中输入“党员”；

（6）将“王晓伟”复制并选择性粘贴批注到“王晴”、“徐凝”，并将“徐凝”处批注设为“显示批注”；

（7）第一行“学生成绩表” 单元格的图案设置为 12.5%灰色；

（8）保存文件。

实验十一　Excel 创建、编辑图表

【实验目的】

掌握创建独立图表和创建嵌入式图表的方法，以及编辑图表。

【实验内容】

任务一　创建独立图表

（1）将实验十保存的文件打开；

（2）对“编辑学生成绩单”工作表中前 3 个学生的前 5 门课的成绩创建独立图表，名称为“图表 1”，类型为“柱型圆柱图”；图表标题为“信息管理班成绩表”；数值轴为“成绩”；分类轴为“学生”；

（3）图表标题用 24 号字体，隶书；

（4）将图例置于图表的右方，字体 20 号、楷体-GB2312，边框选用最粗线加阴影；分类轴用 16 号字体，数值轴用 14 号字体；

如图 11-1 所示：

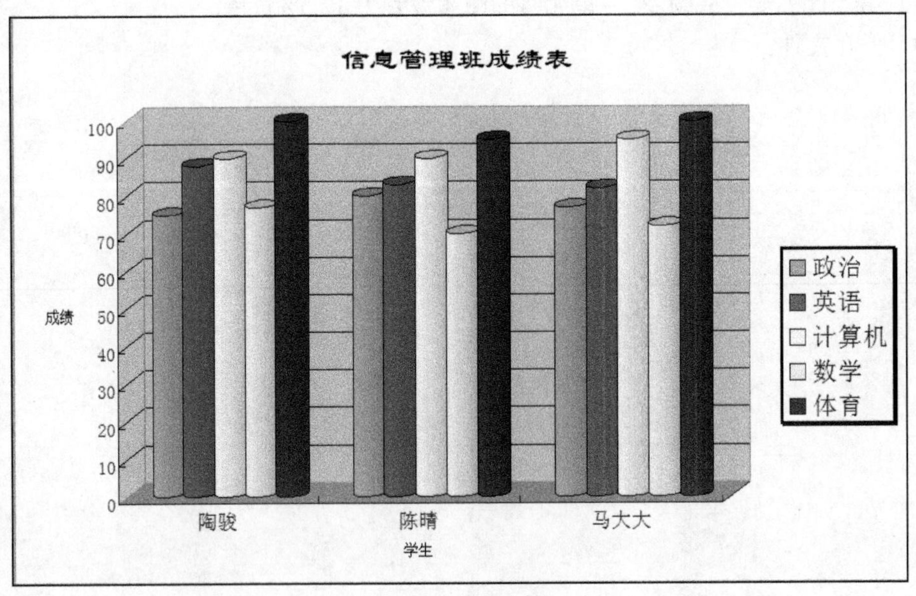

图 11-1　Excel 图表

任务二　创建嵌入式图表

（1）在“学生成绩单”工作表中，将前 4 个学生的前 4 门课程成绩，在当前工作表中，

建立自定义类型中的“带深度的柱形图”；图表标题为“信息管理班成绩表”；数值轴为“成绩”；分类轴为“学生”；

（2）将图中的“计算机”删去，并将“英语”移到最后；

（3）为图表区设置填充效果：预设颜色为“雨后初晴”，底纹样式为“斜上”；

将坐标轴主要刻度间隔改为 30；

将图表中所有文字改为 10 号字体；

将图例加阴影，图表区边框加圆角、阴影；

将“政治”加“数据标志——值”，并拖动到适当的位置；

保存文件。如图 11-2 所示。

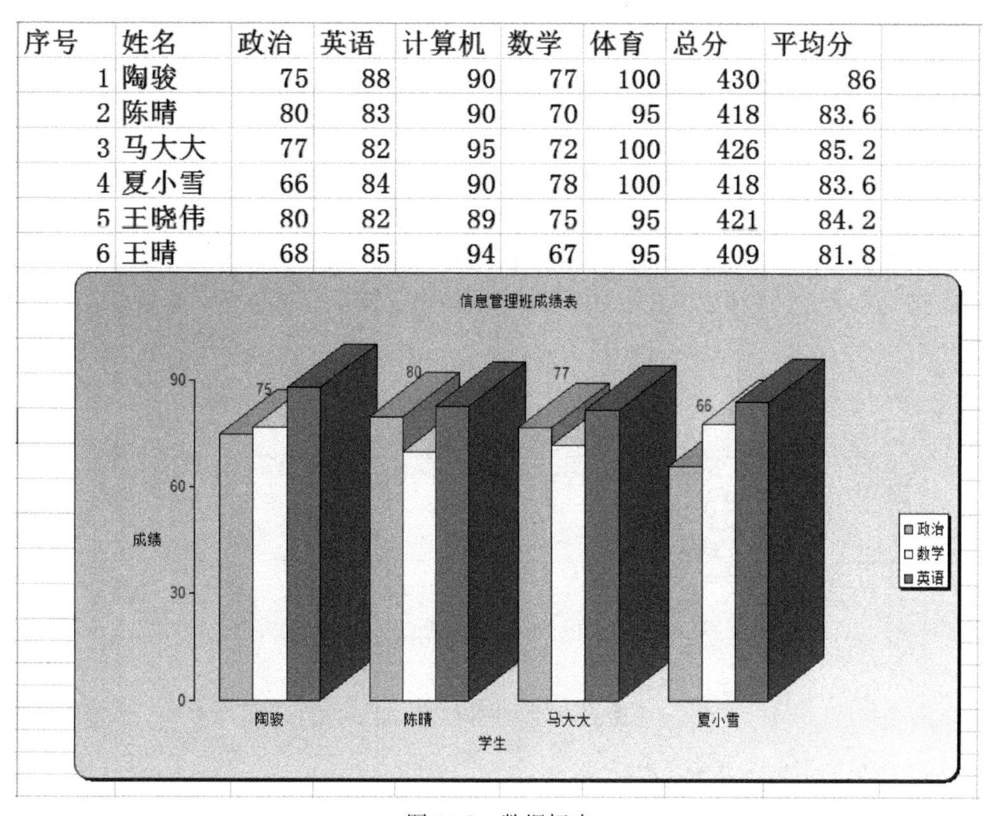

序号	姓名	政治	英语	计算机	数学	体育	总分	平均分
1	陶骏	75	88	90	77	100	430	86
2	陈晴	80	83	90	70	95	418	83.6
3	马大大	77	82	95	72	100	426	85.2
4	夏小雪	66	84	90	78	100	418	83.6
5	王晓伟	80	82	89	75	95	421	84.2
6	王晴	68	85	94	67	95	409	81.8

图 11-2　数据标志

实验十二　Excel 数据的排序、筛选、分类汇总

【实验目的】

掌握数据库的建立和编辑方法，包括输入字段名建立库结构和记录的输入、修改数据、删除记录。

掌握记录的查找、排序、筛选、分类汇总和数据透视表操作。

【实验内容】

（1）打开实验十一保存的文件。

（2）删除“编辑学生成绩单”工作表中第 18 行，调整外边框线均为双实线、蓝色，并将“编辑学生成绩单”工作表复制一个命名为“编辑学生成绩单（2）”工作表。

（3）将“编辑学生成绩单”工作表所给的数据清单中的记录排序，要求将男性记录排在女性记录的前边，性别相同的按总分由高到低排列。

（4）将“编辑学生成绩单”工作表的数据自动筛选：筛选出总分在 420 分以上的记录（如图 12-1 所示）。

	A	B	C	D	E	F	G	H	I	J	K
1	学生成绩表										
2	序号	学号	姓名	性别	政治	英语	计算机	数学	体育	总分	平均分
3	1	20041001	陶骏	男	75	88	90	77	100	430	86
6	3	20041003	马大大	女	77	82	95	72	100	426	85.2
8	5	20041005	王晓伟	女	80	82	89	75	95	421	84.2
10	7	20041007	徐凝	女	78	85	90	69	98	420	84
12	9	20041009	郭小雨	女	89	88	93	89	95	454	90.8
13	10	20041010	夏微	女	88	90	90	75	100	443	88.6
15	12	20041012	马霏霏	女	82	80	95	79	90	426	85.2
18											

图 12-1　排序和筛选结果

（5）取消自动筛选，显示全部记录。

（6）将“编辑学生成绩单”工作表的数据进行高级筛选，完成后重命名工作表为“高级筛选”。

筛选条件：420≤“总分”≤430，或“计算机”>90 的所有记录。

条件区域：起始单元格定位在 A20，此区域若有边框全部清除。

筛选结果：复制到 A25 开始的单元格，如图 12-2 所示。

24											
25	序号	学号	姓名	性别	政治	英语	计算机	数学	体育	总分	平均分
26	1	20041001	陶骏	男	75	88	90	77	100	430	86
27	3	20041003	马大大	女	77	82	95	72	100	426	85.2
28	5	20041005	王晓伟	女	80	82	89	75	95	421	84.2
29	6	20041006	王晴	女	68	85	94	67	95	409	81.8
30	7	20041007	徐凝	女	78	85	90	69	98	420	84
31	8	20041008	宋城	女	56	74	92	55	97	374	74.8
32	9	20041009	郭小雨	女	89	88	93	89	95	454	90.8
33	12	20041012	马霏霏	女	82	80	95	79	90	426	85.2
34											

图 12-2　筛选结果

（7）在“编辑学生成绩单（2）”C 列前插入 1 列，字段名“班级”，序号 1～7 对应单元格中填充“1 班”，8～15 对应单元格中填充“2 班”。

（8）由“编辑学生成绩单（2）”工作表创建数据透视表。

要求：按照“班级”、“性别”统计“英语”、“总分”的平均值，如图 12-3 所示。

位置：新建工作表，名称为“数据透视表”。

	A	B	C	D	E
1					
2					
3			性别		
4	班级	数据	男	女	总计
5	1班	平均值项:英语	88	83.5	84.14285714
6		平均值项:总分	430	418.6666667	420.2857143
7	2班	平均值项:英语	75	79.71428571	79.125
8		平均值项:总分	411	417.7142857	416.875
9	平均值项:英语汇总		81.5	81.46153846	81.46666667
10	平均值项:总分汇总		420.5	418.1538462	418.4666667
11					
12					

图 12-3　数据透视表

（9）将“编辑学生成绩单（2）”工作表中的数据分类汇总。

条件：分类字段为“性别”，汇总 5 门课程的最高分，结果如图 12-4 所示。

位置：“替换当前汇总结果”。

（10）将工作表重命名为“分类汇总表”。

	A	B	C	D	E	F	G	H	I	J	K	L
1	学生成绩表											
2	序号	学号	班级	姓名	性别	政治	英语	计算机	数学	体育	总分	平均分
3	2	20041002	1班	陈晴	女	80	83	90	70	95	418	83.6
4	3	20041003	1班	马大大	女	77	82	95	72	100	426	85.2
5	4	20041004	1班	夏小雪	女	66	84	90	78	100	418	83.6
6	5	20041005	1班	王晓伟	女	80	82	89	75	95	421	84.2
7	6	20041006	1班	王睛	女	68	85	94	67	95	409	81.8
8	7	20041007	1班	徐凝	女	78	85	90	69	98	420	84
9	8	20041008	2班	宋城	女	56	74	92	55	97	374	74.8
10	9	20041009	2班	郭小雨	女	89	88	93	89	95	454	90.8
11	10	20041010	2班	夏微	女	88	90	90	75	100	443	88.6
12	11	20041011	2班	曹晓宇	女	85	78	90	73	90	416	83.2
13	12	20041012	2班	马霏霏	女	82	80	95	79	90	426	85.2
14	13	20041013	2班	吴彤彤	女	68	70	89	80	95	402	80.4
15	14	20041014	2班	张芳虞	女	69	78	90	72	100	409	81.8
16					女 最大值	89	90	95	89	100		
17	1	20041001	1班	陶骏	男	75	88	90	77	100	430	86
18	15	20041015	2班	李廷强	男	70	75	89	77	100	411	82.2
19					男 最大值	75	88	90	77	100		
20					总计最大值	89	90	95	89	100		
21												

图 12-4　按性别分类汇总

（11）删除“sheet1”工作表，调整工作表位置如图 12-5，完成后保存文件。

学生成绩单 / 实验表 / 图表1 / 高级筛选 / 分类汇总表 / 数据透视表

图 12-5　工作表顺序

项目工作情况表

______年_____月_____日

<table>
<tr><td colspan="2">项目名称</td><td colspan="2"></td></tr>
<tr><td>姓名</td><td></td><td>同组成员</td><td></td></tr>
<tr><td>项目目的</td><td colspan="3"></td></tr>
<tr><td>任务实施过程</td><td colspan="3"></td></tr>
<tr><td>项目总结</td><td colspan="3">签名：</td></tr>
<tr><td>评价及问题分析</td><td colspan="3">教师签名：</td></tr>
</table>

项目五　PowerPoint 2010 基本操作

实验十三　制作“校园展示”演示文稿

【情　　境】

××学院在纪念学校成立××年之际，为提高学校的宣传力度，学校决定在校园展示活动中举办“校园形象宣传 PPT 制作大赛”，多媒体专业某班级的李文负责这次展示活动的组织，组织班上的同学首先制作“个人简历”演示文稿。

【实验内容】

任务一　制作个人简历文档

（1）规划草图。
（2）启动 PowerPoint 2010，并创建空白演示文稿。
（3）在演示文稿中添加所需数量的幻灯片。
（4）在幻灯片中添加文本、图片、按钮等对象。
（5）为幻灯片应用主题。
（6）组织幻灯片并格式化各个对象。
1）设置文本格式（字体、字号、颜色、底纹等）。
2）设置段落格式（项目符号、编号、间距、行距等）。
3）美化图表、插入 SmartArt 图形。
（7）对幻灯片应用背景图片、颜色或图案。
（8）对幻灯片应用合适的切换方式。
（9）保存演示文稿为“制作个人简历.pptx”。
经过以上操作，幻灯片主体结构会更加美观，如图 13-1 所示。

任务二　制作校园形象宣传演示文稿

（1）规划草图。
（2）启动 PowerPoint 2010 创建空白演示文稿。
（3）在演示文稿中添加所需数量的幻灯片，搭建演示，参看如图 13-2 所示的大纲视图。
（4）在幻灯片中添加文本、图片、艺术字、图表等对象。
（5）图像化幻灯片文本，参看图 13-3“师资”幻灯片。
（6）为幻灯片应用主题。
（7）组织幻灯片并格式化各个对象。

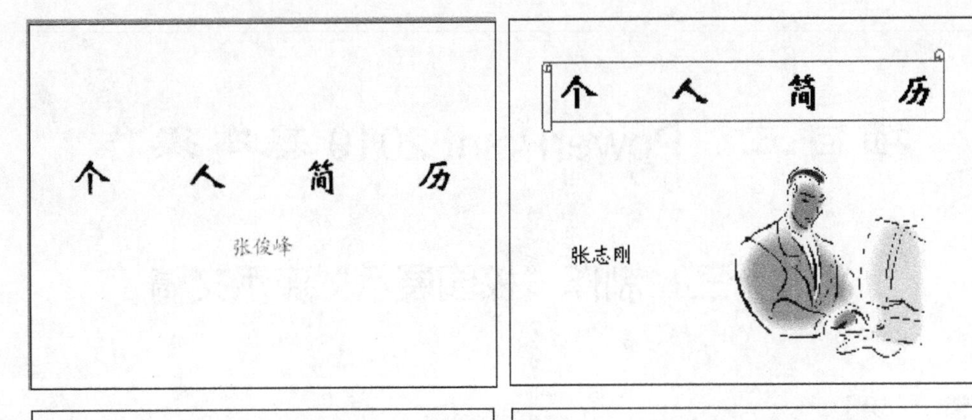

图 13-1 主体结构图幻灯片修饰前后的对比

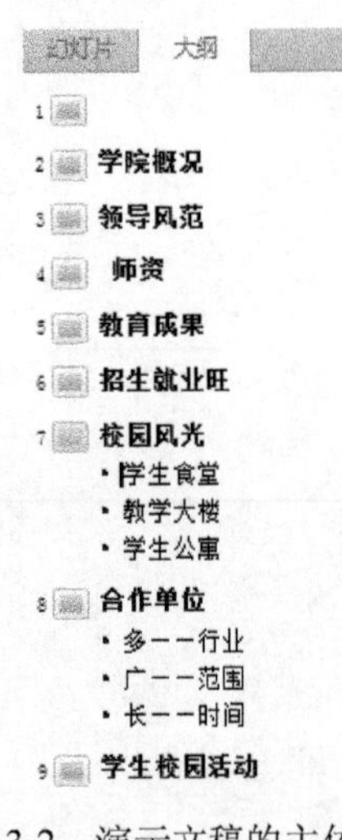

图 13-2 演示文稿的主体结构

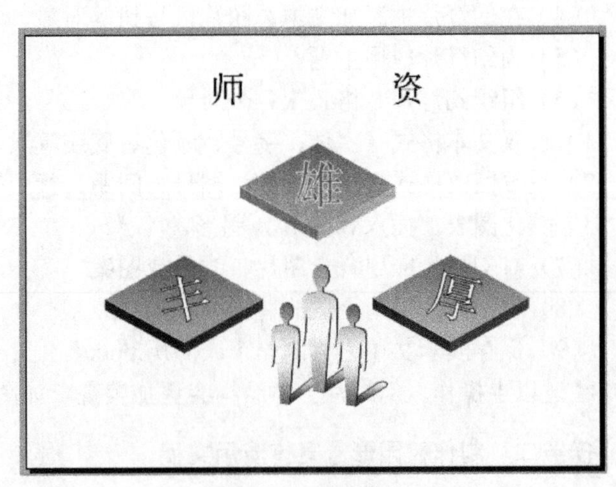

图 13-3 师资结构

（8）插入背景音乐，使之从第一张幻灯片开始播放至最后一张结束播放。

（9）美化演示文稿，利用母版设置背景颜色，并将学校 logo 显示在每一张幻灯片上，效果如图 13-4 所示。

（10）设计幻灯片对象的“进入”动画与切换方式，效果之一参看幻灯片“教育成果”，如图 13-5，动画参考设置如下：

1）“教育成果”，自左侧飞入。

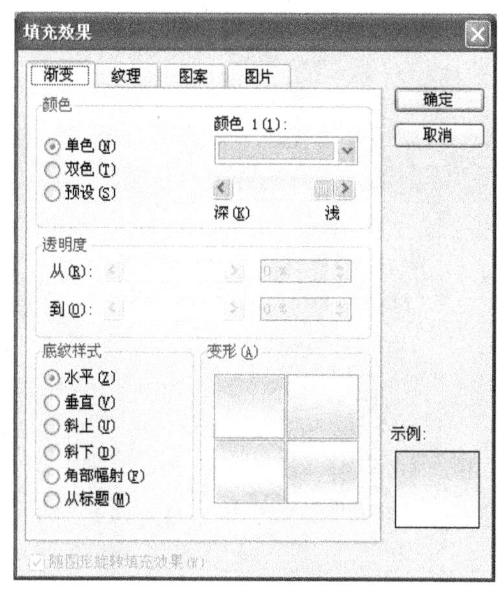

图 13-4　设置背景颜色

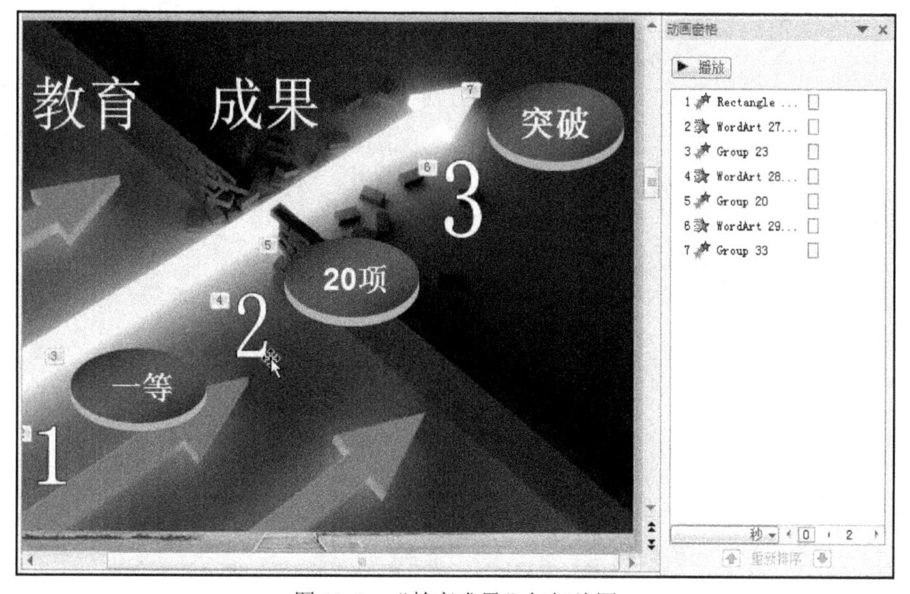

图 13-5　“教育成果”幻灯片图

2）数字“1”、“2”、“3”，自底部切入。

3）“一等”、“20 项”、“突破”，向内缩放。

（11）创建完成后，执行“文件”→“保存”命令，以“校园展示.pptx”保存该演示文稿。

任务三　打包演示文稿

李金将制作好的演示文稿打包成 CD，以便递交到学校大赛评委会进行成绩评价。操作步骤如下：

（1）打开要复制的演示文稿，如果正在处理尚未保存的新演示文稿，请先保存该演示文稿。

（2）在 CD 驱动器中插入 CD。

（3）单击“文件”选项卡→“保存并发送”→“将演示文稿打包成 CD”，然后在右窗格中单击“打包成 CD”。如图 13-6 所示。

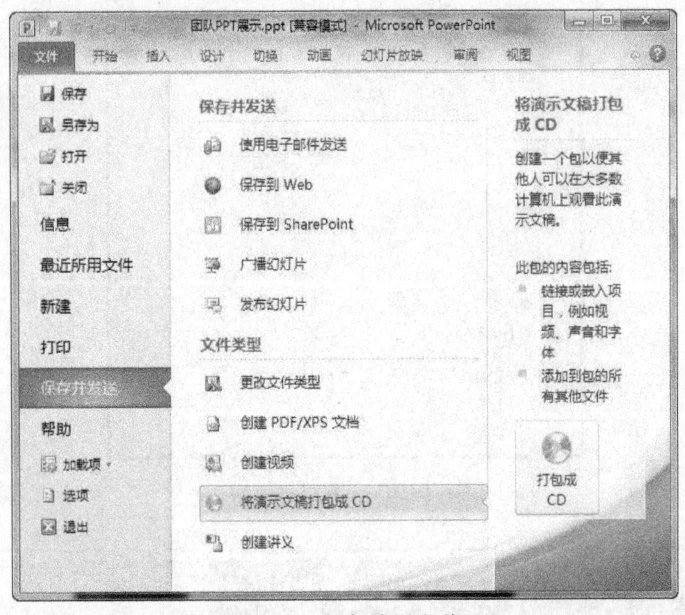

图 13-6　打包演示文稿

（4）添加要打包的其他演示文稿或非 PowerPoint 文件，并调整播放顺序，如图 13-7、13-8 所示的“打包成 CD”对话框。

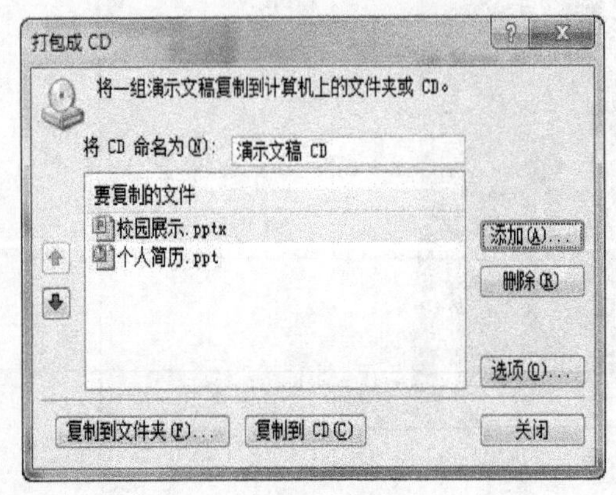

图 13-7　添加打包文件

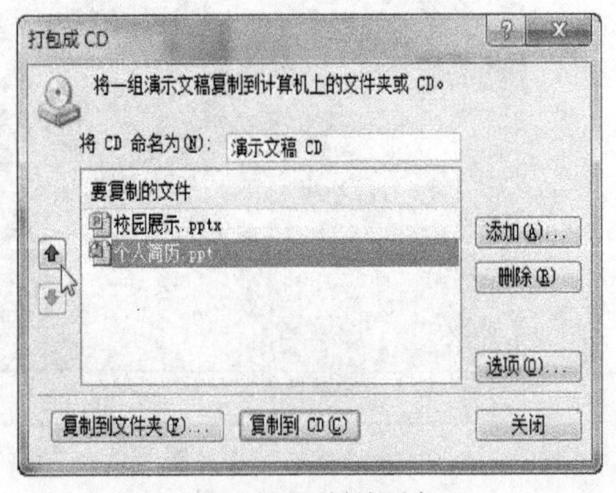

图 13-8　调播放顺序

实验十四　制作“公司员工培训”演示文稿

【情　　境】

启明星信息有限公司培训部在新员工培训会上，安排用 PowerPoint 演示文稿做培训课件，主要在“企业文化”和“励志演讲”两方面进行展示。人事部经理杨辰风收集整理了相关素材资料，然后将资料交给了助手林济可，让他先制作基本的演示文稿。

【实验内容】

任务一　制作“企业文化”演示文稿

林济可接到任务后，根据提供的素材资料，操作步骤如下：

（1）规划草图，拟出提纲。

（2）启动 PowerPoint 2010，首先利用 PPT 搭建了演示文稿的主体结构，如图 14-1，然后按照主体结构将素材资料填充到幻灯片中。

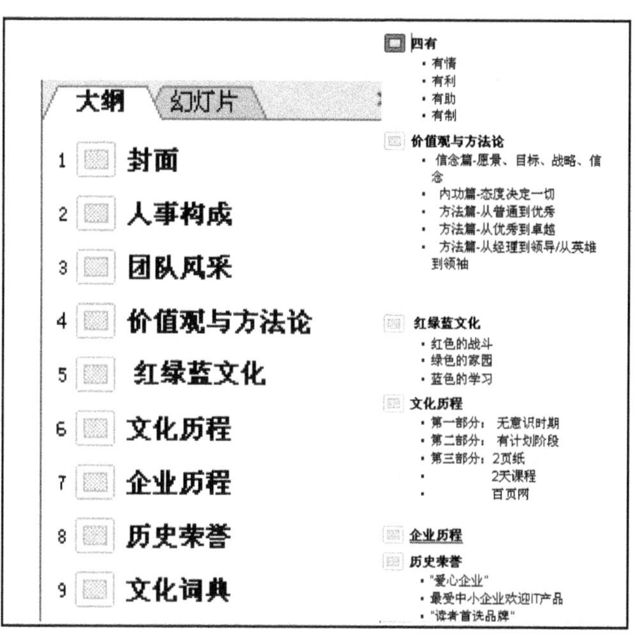

图 14-1　演示文稿主体结构

（3）幻灯片中添加文本、图片、表格、图表等对象。

（4）组织幻灯片和格式化幻灯片。

（5）将文本图形化。以特色图片、SmartArt、按钮等替代普通文字，如图 14-2 中，用右侧的图片代替左侧的文字，标题可用艺术字代替。

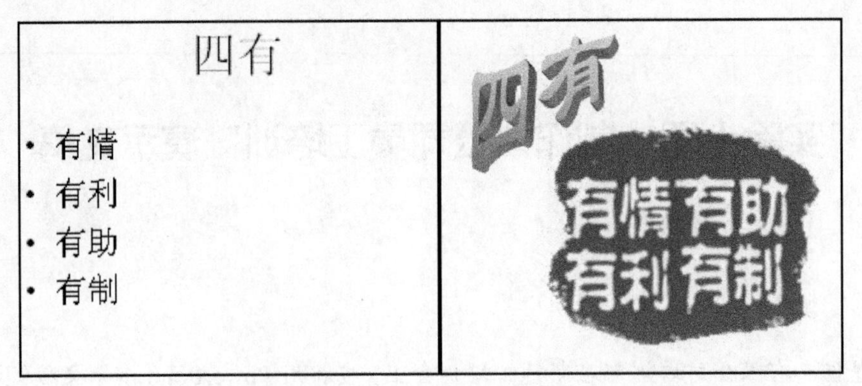

图 14-2　文本转为图形

（6）在幻灯片中应用合适的主题方案。

（7）利用母版对幻灯片应用背景图片、颜色或图案统一演示文稿外观。

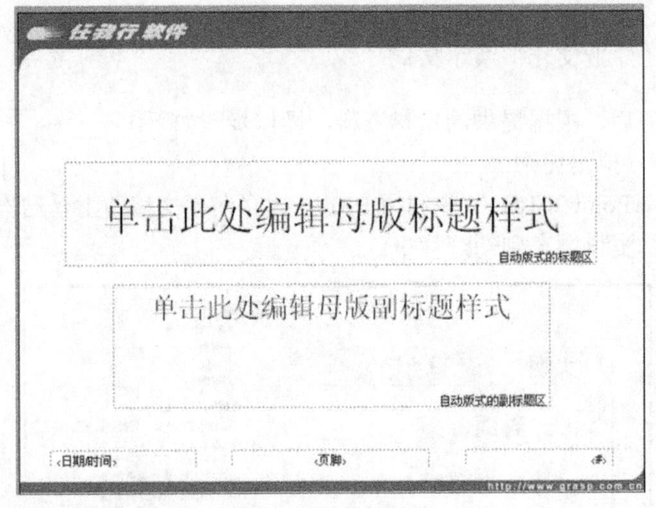

图 14-3　母版的设置

1）在母版中设置页眉、页脚和幻灯片编号。

让设置好的“页眉、页脚和幻灯片编号”同时显示于每一张幻灯片中。要让页眉、页脚和幻灯片编号显示出来，必须在“页眉页脚”对话框中将相应的复选框选中，如图 14-4 所示。

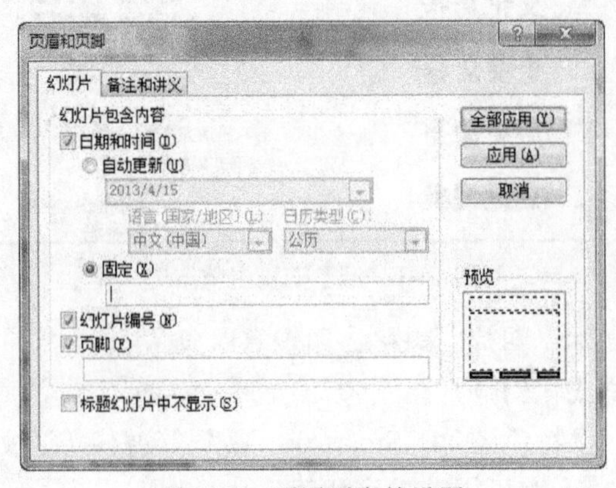

图 14-4　页眉页脚的设置

2）利用母版插入公司 Logo 图标和公司的网址，并调整到合适的位置，如图 14-5 左上角所示。

3）设置幻灯片母版的背景，如图 14-5 所示。

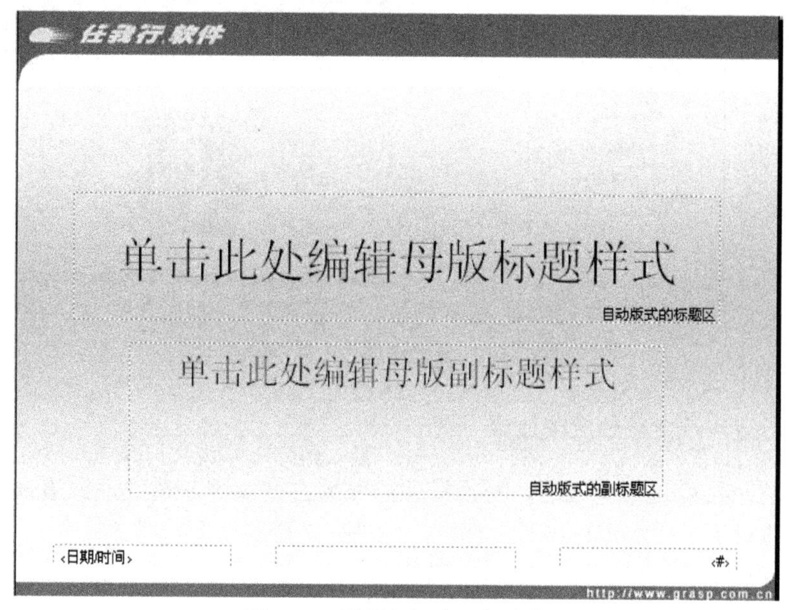

图 14-5　设置幻灯片母版结构

4）将制作好的幻灯片母版另存为“公司模板.pptx”，以供后期制作其他演示文稿使用。

（8）为幻灯片对象设置动画效果、为幻灯片设置切换方式。其中自定义动画效果分别添加“进入动画”和“退出动画”。

（9）创建完成后，执行“文件”→“保存”命令，以“员工培训-企业文化.pptx”保存该演示文稿。

任务二　制作“励志演讲”演示文稿

林济可完成任务一后，收集了励志故事的相关文档素材资料，以“企业文化”演示文稿为模板开始制做励志演讲稿——“比能力更重要的 12 种品格”演示文稿，制作过程如下：

（1）规划草图，拟出提纲。

（2）启动 PowerPoint 2010，利用“公司模板.pptx”创建演示文稿，同时添加若干幻灯片以构建幻灯片的主体结构，如图 14-6 所示。

（3）在幻灯片中添加各种对象充实幻灯片内容，并尽可能的将内容以图形化表示。

（4）为幻灯片对象设置合适的动画效果，包括进入动画、退出动画、强调动画和路径动画。其中动画效果分别应用“单击开始”、“从上一项开始”、“从上一项之后开始”等“效果选项”设置。

（5）为幻灯片设置合适的切换方式。

（6）预览动画效果，并调整对象的动画效果或删除动画效果。

（7）创建完成后，执行“文件”→“保存”命令，以“员工培训-励志演讲.pptx”保存该演示文稿。

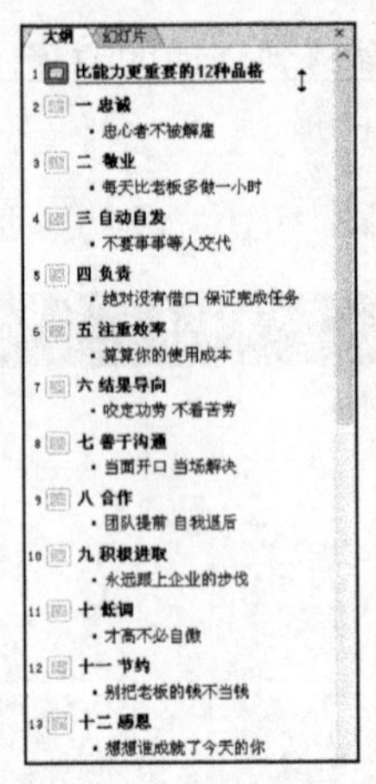

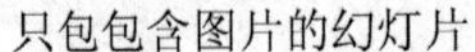
只包包含图片的幻灯片　　　　含文字的幻灯片

图 14-6　设置幻灯片主体结构

任务三　设置演示文稿的放映效果

林济可将演示文稿制作完成后，交给经理杨辰风进行检查。杨经理一边查看演示文稿的播放效果，一边对所有内容进行检查和调整，并进行必要的演讲彩排。

（1）打开已制作完毕的员工培训演示文稿。

（2）查看放映效果的同时对幻灯片进行修改设计。

（3）设置演示文稿放映方式。为了能更好的控制演讲时幻灯片的放映效果，杨经理将“换片方式”设置成了手动，如图 14-7 所示。

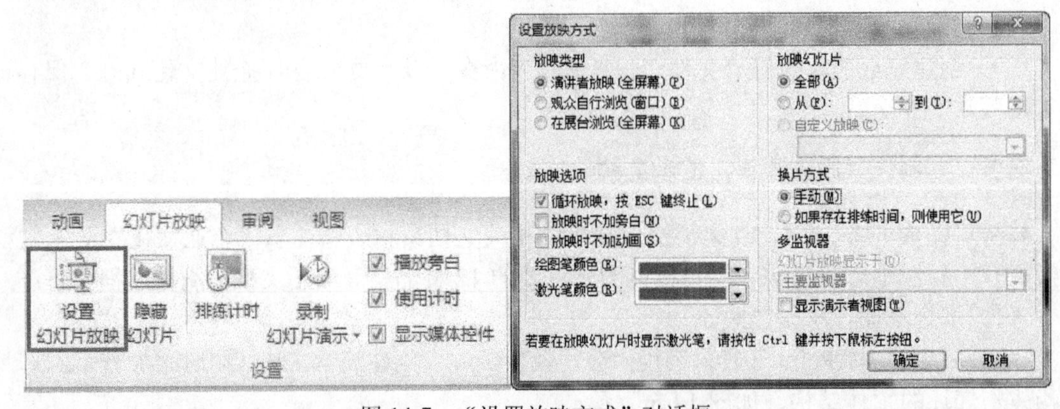

图 14-7　“设置放映方式”对话框

（4）利用“排练计时”功能和“录制幻灯片演示”进行演讲彩排，以便提供公司同事在培训会后进行交流使用。

（5）对进行了排练的演示文稿进行再次保存，并将两个演示文稿存放于名为“员工培训”的同一文件夹中。

实验十五　制作“公司年终总结”演示文稿

【情　　境】

启明星信息有限公司在年底进行年终总结大会，董事长决定用 PPT 演示文稿进行总结，将制作演示文稿的任务交由行政部张静莹完成，同时要求张静莹制作行政部的部门工作报告演示文稿，做好在总结会上的发言准备。

【实验内容】

任务一　制作“部门工作总结”演示文稿

张静莹在行政部同事的帮助下收集了丰富的与本部门相关的资料，用以制作演示文稿的支撑材料。

（1）规划草图，拟出提纲。

（2）启动 PowerPoint 2010，创建演示文稿，同时添加若干幻灯片搭建幻灯片的主体结构，如下图 15-1 所示。

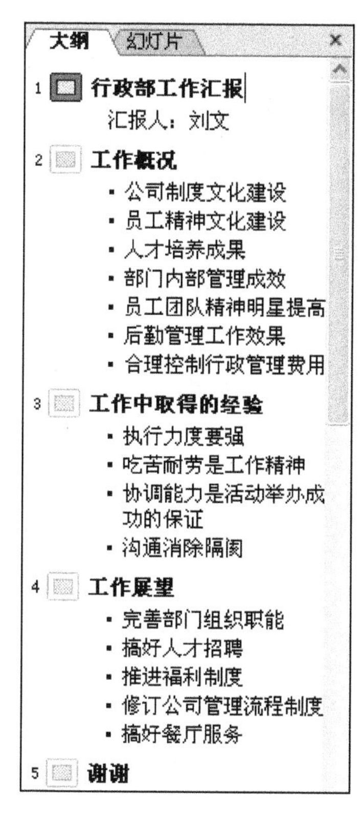

图 15-1　主题结构图

（3）根据提纲，用丰富的多种对象充实幻灯片内容，并精炼文字，尽可能的将内容以图形表示。如图 15-1 所示的“团队精神”幻灯片。

1）插入图表，替代具体的繁杂数字，参看效果如图 15-2 所示。

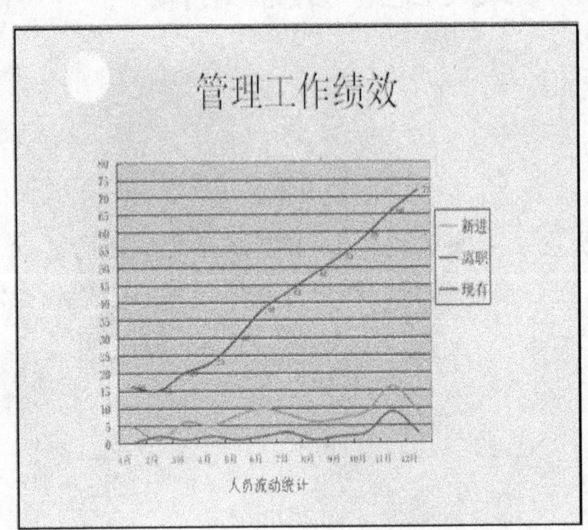

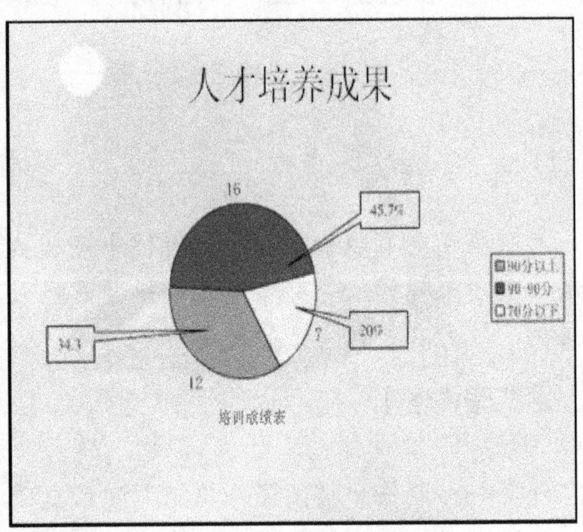

图 15-2　插入图表

2）插入超级链接增强演示文稿的交互性。如图 15-3 所示。

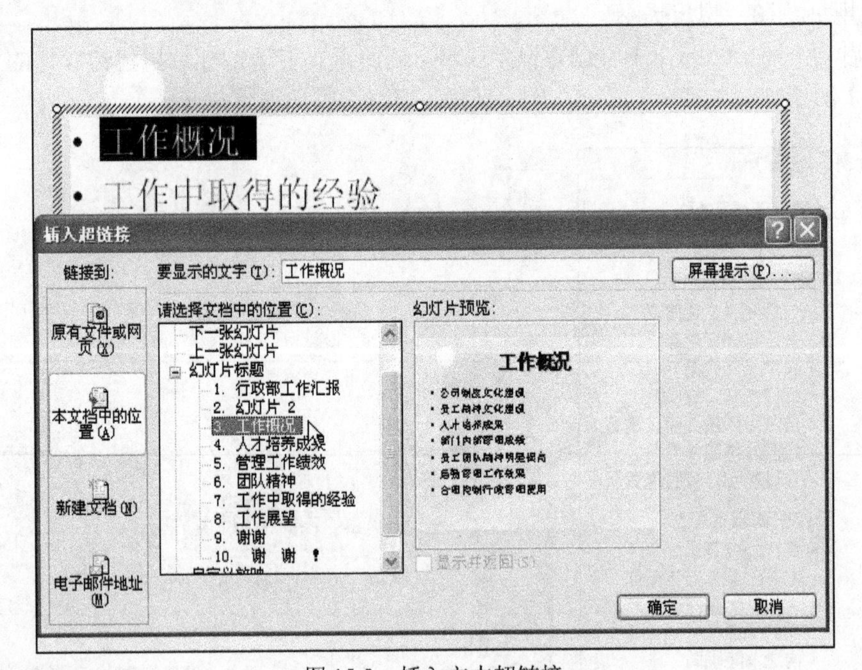

图 15-3　插入文本超链接

3）美化幻灯片，利用母版统一风格。设置文本样式、背景颜色、主题风格等。参看效果设置之一如图 15-4 所示。

（4）为幻灯片对象设置合适的动画效果，包括进入动画、退出动画、强调动画和路径动画。

（5）为幻灯片设置合适的切换方式。

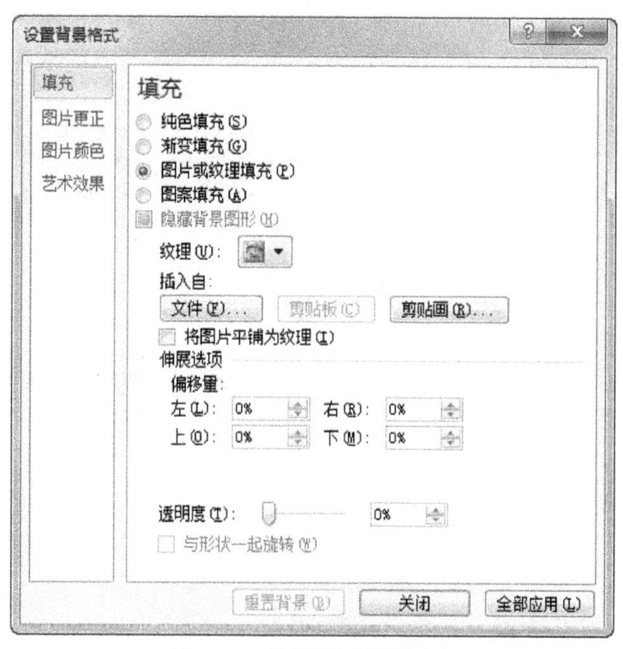

图 15-4　设置母版背景图片

（6）预览动画效果，并调整对象的动画效果或删除动画效果。

（7）播放 PPT，进行反复的演练并修正。

（8）创建完成后，执行“文件”→“保存”命令，以“部门年终工作总结.pptx”保存该演示文稿。

实验十六　制作“年终工作总结”演示文稿报告

【情　　境】

张静莹和部门同事收集了公司相关的业务数据，借鉴制作“部门报告”演示文稿的经验，决定为董事长制作表现力更强的总结发言演示文稿。

【实验内容】

任务一　创建文稿

（1）规划草图，拟出提纲。

（2）启动 PowerPoint 2010，创建演示文稿，制作基本的幻灯片搭建主体结构，如图 16-1 所示。

（3）根据提纲，用丰富的多种对象充实幻灯片内容，并精炼文字，尽可能的将内容以图形表示。如图 16-2 所示应用了图表的幻灯片。

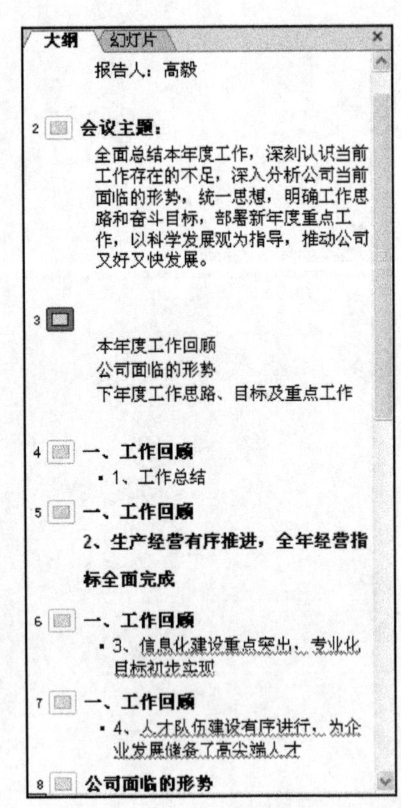

图 16-1　主题结构图

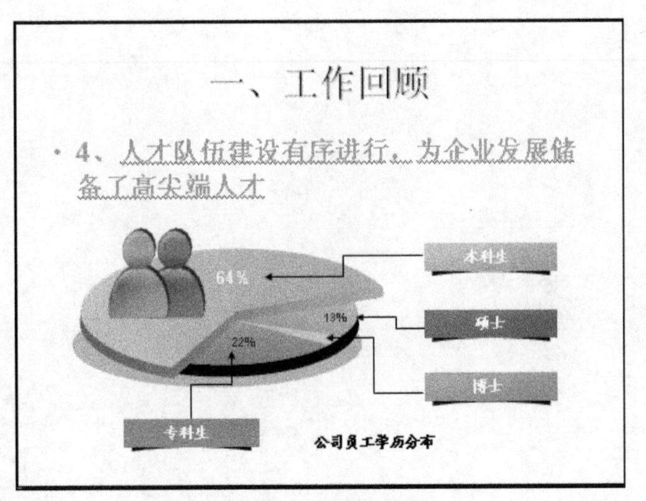

图 16-2　图表结构

（4）美化幻灯片，统一演示文稿的外观风格。

（5）为幻灯片对象设置合适的动画效果，包括进入动画、退出动画、强调动画和路径动画。在此过程中熟练使用动画的“效果选项”设置，并利用“动画刷”统一对象的动画风格。

（6）为幻灯片设置合适的切换方式。设置幻灯片动画效果，并调整对象的动画效果。

（7）播放 PPT，设置排练计时，并进行反复的演练和修正。

（8）创建完成后，执行“文件”→“保存”命令，以“公司年终工作总结.pptx”保存该演示文稿。如图 16-3 所示。

1

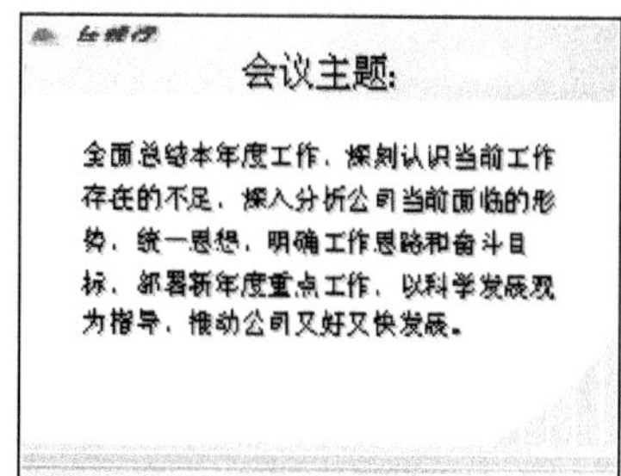

2

一、工作总结

• 公司工作取得辉煌成果，各项工作卓有成效。一年来，面对全球经济下滑，公司积极扩大市场营销，狠抓质量控制，全力推进项目进程，实现了公司经营规模的稳步提升。

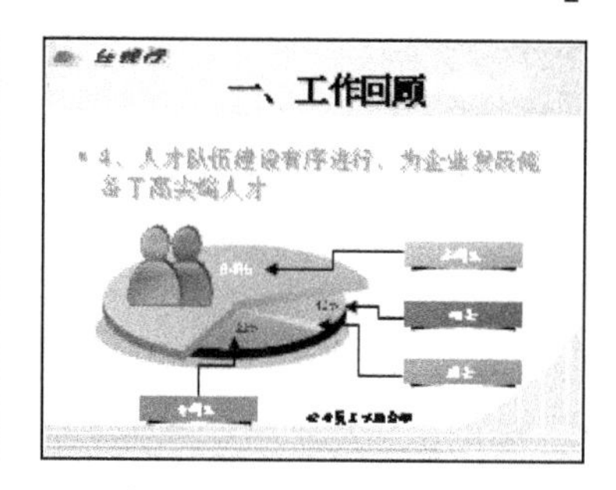

图 16-3　演示文稿缩略图

任务二　调试播放效果

（1）打开已制作完毕的演示文稿。

（2）查看放映效果的同时设计幻灯片。

（3）在放映视图下反复查看效果并纠错。

实验十七　制作“公司形象宣传片”演示文稿

【情　　境】

公司在答谢新老客户的会议上，准备用 PowerPoint 演示文稿的方式介绍公司的情况，通过演示文稿让新老客户清楚公司的企业文化、部门结构、经营方向、经营业绩、新产品性能、财务状况从而进一步扩大公司的知名度。公司将此任务分配到了各个部门，并让各部门之间相互配合完成。行政部负责完成“公司形象宣传片”的演示文稿，销售部负责完成“新产品的宣传”演示文稿。行政部的袁刚和销售部的李潇互相协作，完成宣传片 PPT 的制作。

【实验内容】

两人接到通知后，与本部门同事进行如下工作流程：

1．确定 PPT 主题和幻灯片数量（8～10 张）；

2．在各部门收集素材；

3．用图纸拟出提纲，通过结构与布局，拟出清晰的逻辑，将大问题分解成小问题，小问题用图表现；

4．确定主题颜色与风格；

5．进入演示文稿制作阶段。

注：本项目只给出方法与步骤，建议学生在课外独立完成。

任务一　制作“XXX 公司形象宣传”演示文稿

（1）按照提纲输入文字，将适合标题表达的内容写出来或从资料素材中拷贝进来简单修整一下文字，将每页的内容做成带“项目编号”的要点。

（2）审阅 PPT 中的内容，将其中带有数字、流程、因果关系、趋势、时间、并列、顺序等内容的，以“图画”的方式来表现。如内容过多或无法用图表现，以“表格”表现。最好的表现顺序是：图－表－字。

（3）统一演示文稿风格：选用合适的母版。

（4）根据主题色彩，设计母版。根据 PPT 呈现出的情绪选用不同的色彩搭配，在母版视图中进行调整：添加背景图、公司 Logo、装饰图等。

（5）在母版视图中调整标题、文字的大小和字体，以及合适的位置。

（6）根据母版的色调，将图进行美化，调整颜色、阴影、立体、线条，美化表格、突出文字等（注：在此过程中，把握整个 PPT 的颜色不超过 3 个色系，文字字体不超过 3 种字体）。

（7）美化页面，在幻灯片中加入“装饰图”（注：图片要符合当页主题，大小、颜色不能喧宾夺主）。

（8）设计动画效果：按照表现的主体，设计简约动画（注：同页面内动画效果不易超过 3 种）。

（9）在放映状态下，反复检查，修正错误。

（10）选择合适的放映方式（注：本项目适合自动播放方式）。如图 17-1 所示。

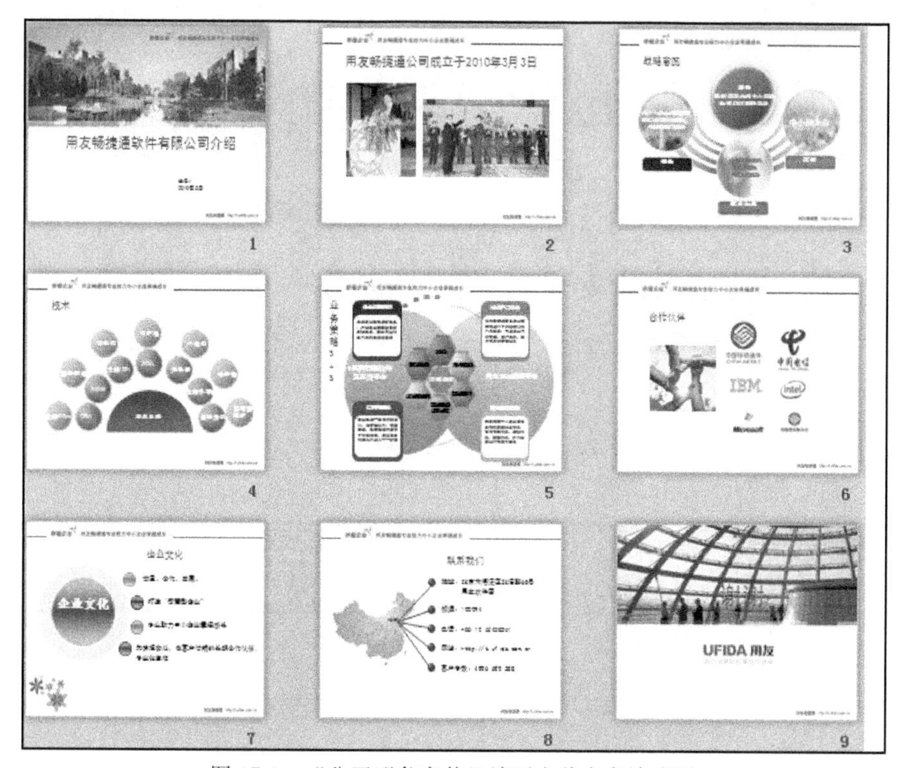

图 17-1 “公司形象宣传”演示文稿参考缩略图

任务二 制作“新高峰公司新产品简介”演示文稿

（1）按照提纲输入文字，将适合标题表达的内容写出来或从资料素材中拷贝进来简单修整一下文字，将每页的内容做成带“项目编号”的要点。

（2）审阅 PPT 中的内容，将其中中带有数字、流程、因果关系、趋势、时间、并列、顺序等内容的，以“图画”的方式来表现。如内容过多或无法用图表现，以“表格”表现。最好的表现顺序是：图－表－字。

（3）统一演示文稿风格：选用合适的母版。

（4）根据主题色彩，设计母版。根据 PPT 呈现出的情绪选用不同的色彩搭配，在母版视图中进行调整：添加背景图、公司 Logo、装饰图等。

（5）在母版视图中调整标题、文字的大小和字体，以及合适的位置。

（6）根据母版的色调，将图进行美化，调整颜色、阴影、立体、线条，美化表格、突出文字等。（注：在此过程中，把握整个 PPT 的颜色不超过 3 个色系，文字字体不超过 3 种字体。）

（7）美化页面，在幻灯片中加入“装饰图”（注：图片要符合当页主题，大小、颜色不能喧宾夺主）。

（8）设计动画效果：按照表现的主体，设计简约动画（注：同页面内动画效果不易超过 3 种）。

（9）在放映状态下，反复检查，修正错误。

（10）选择合适的放映方式（注：本项目适合自动播放方式）。如图 17-2 所示。

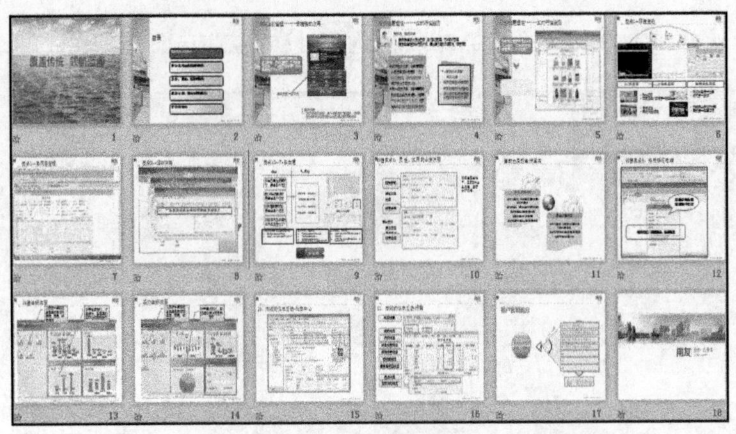

图 17-2 “产品宣传”演示文稿参考缩略图

项目工作情况表

______年_____月_____日

项目名称			
姓名		同组成员	
项目目的			
任务实施过程			
项目总结	签名：		
评价及问题分析	教师签名：		

项目六　网络基本操作

实验十八　局域网和 Internet 使用

【实验目的】

了解网络环境的配置。
掌握 WWW、电子邮件和 FTP 的使用。

【实验内容】

任务一　了解网络环境的配置

（1）打开“控制面板→网络和 Internet”中的本地连接，观察网卡类型和该连接使用的组件。

（2）打开 Internet 协议(TCP/IP)属性，观察本机 IP 地址设置，考察其含义。

（3）用 ipconfig/all 命令，查看网卡物理地址、主机 IP 地址、子网掩码、默认网关等，查看主机信息，包括主机名、DNS 服务器、结点类型等。

任务二　浏览器（IE 或 Firefox）的使用

（1）设置浏览器的启动首页为http://www.tust.edu.cn。

（2）访问中国互联网络信息中心网址http://www.cnnic.net.cn，查看相关信息。

（3）使用搜索引擎http://www.baidu.com，查找“奥运会、北京、场馆”的网页或网站，保存其中的部分图片和文字，把网页另存为一个文本文件。

（4）使用其他搜索引擎，查找关于“音乐，mp3”的网页或网站，下载找到的音乐节目。

任务三　电子邮件的使用

（1）如果读者没有 Email 信箱，请在http://www.sina.com.cn或其他网站申请。

（2）通过浏览器给教师发送一封电子邮件，同时将邮件抄送给自己。

邮件标题包括学号、姓名等；内容可以是任何关于课程学习的问题、建议；在附件中附上一张图片。

（3）查看本信箱收到的邮件。

（4）使用 Outlook Express，根据信箱服务器提供的 POP3（如 pop3.sina.com.cn）和 SMTP 地址配置信箱账号。使用 Outlook Express 收发邮件，保存邮件正文、附件。

任务四　FTP 服务的使用

（1）使用浏览器访问由教师提供或自己通过搜索引擎找到的 FTP 服务器。

（2）上传和下载其中的文件。

项目工作情况表

______年_____月_____日

项目名称			
姓名		同组成员	
项目目的			
任务实施过程			
项目总结	签名：		
评价及问题分析	教师签名：